RÉSUMÉ

D'ÉCONOMIE

RURALE,

OU

Recueil de Secrets relatifs aux Arts, aux Métiers, et à l'Économie Agricole.

AVIGNON,

OFFRAY AÎNÉ, IMPRIMEUR-LIBRAIRE,

1855.

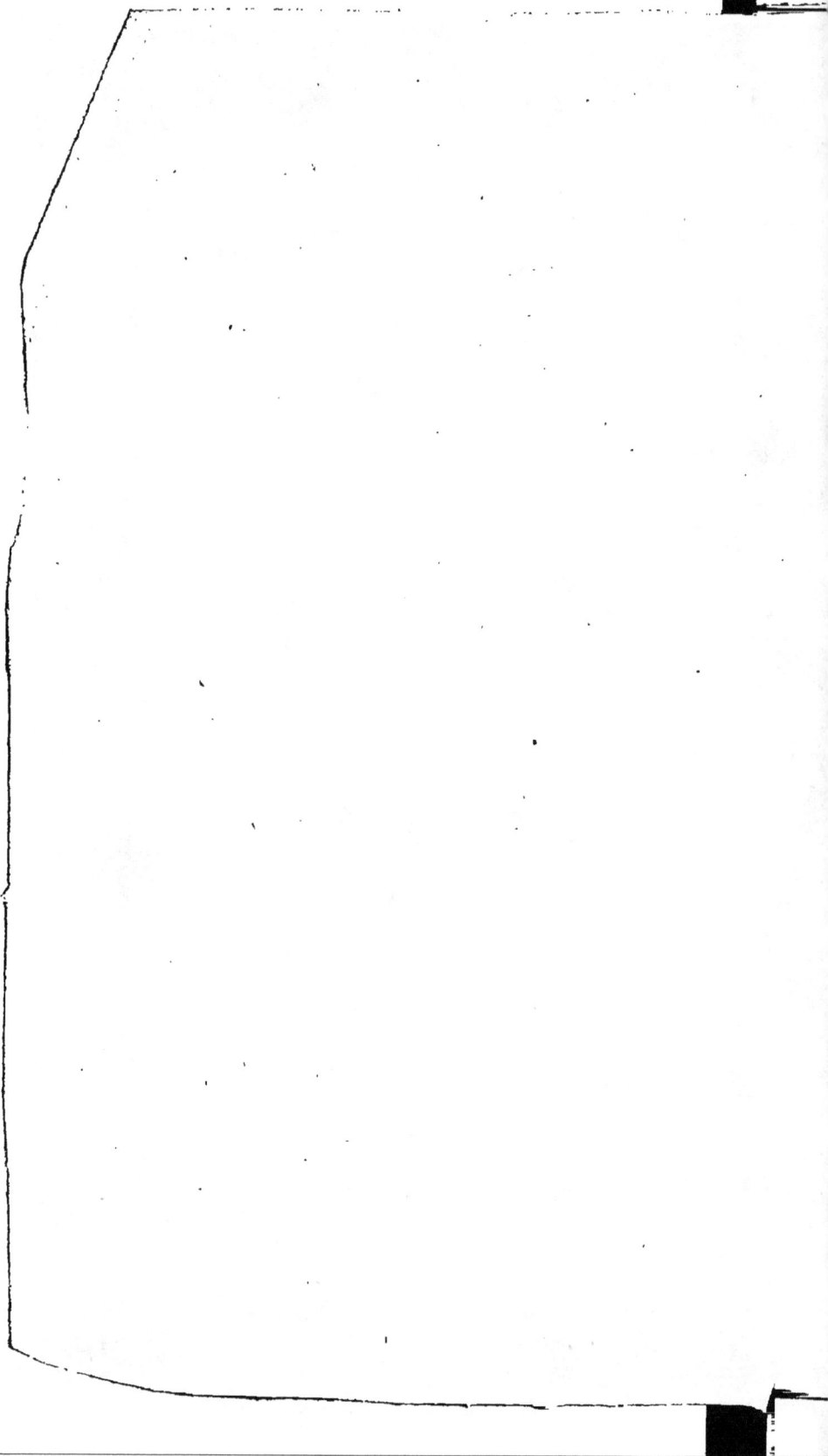

TRÉSOR

D'ÉCONOMIE RURALE.

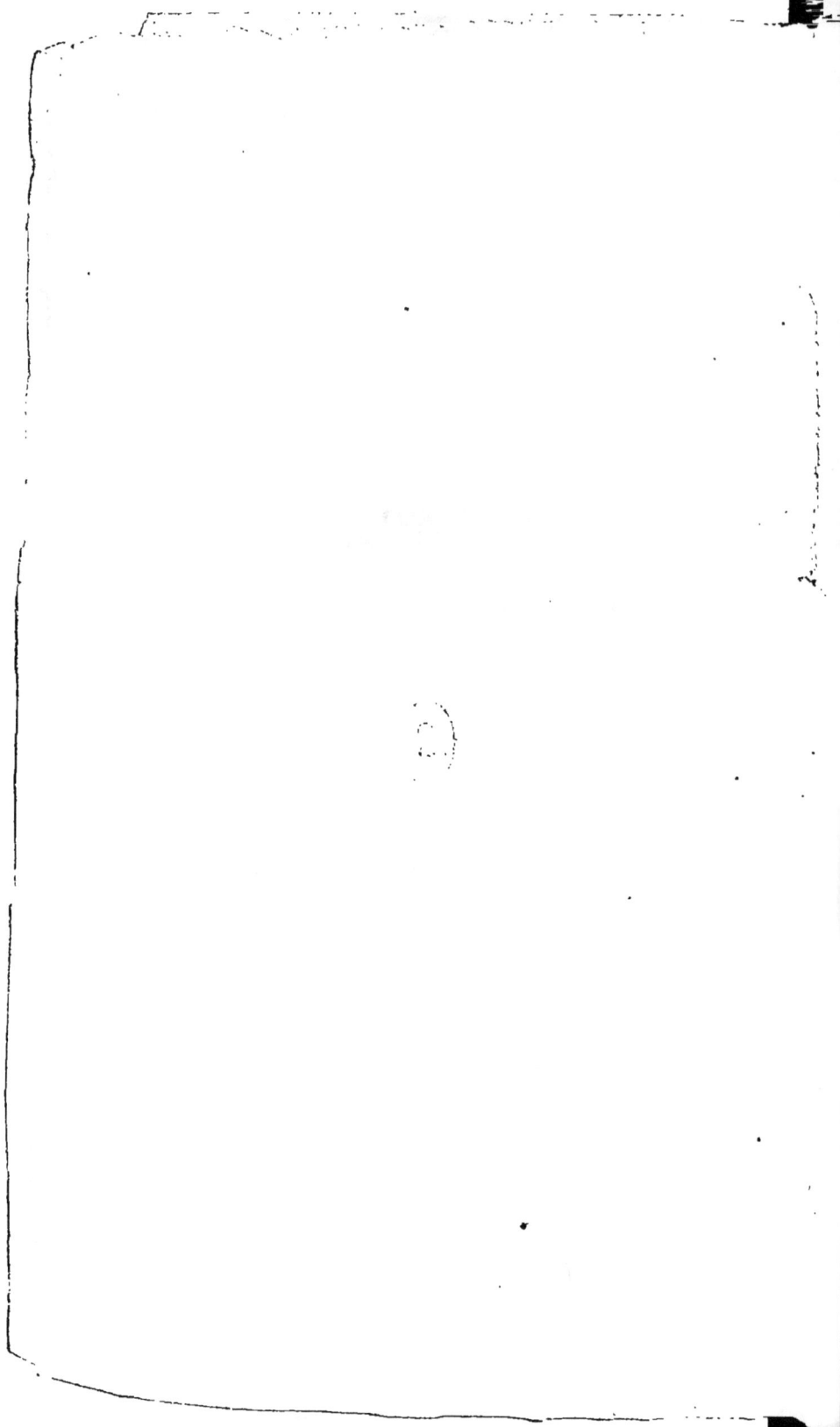

TRÉSOR
D'ÉCONOMIE
RURALE,

OU

Recueil de Secrets relatifs aux Arts, aux Métiers, et à l'Économie Agricole.

AVIGNON,

OFFRAY AINÉ, IMPRIMEUR-LIBRAIRE.

1855.

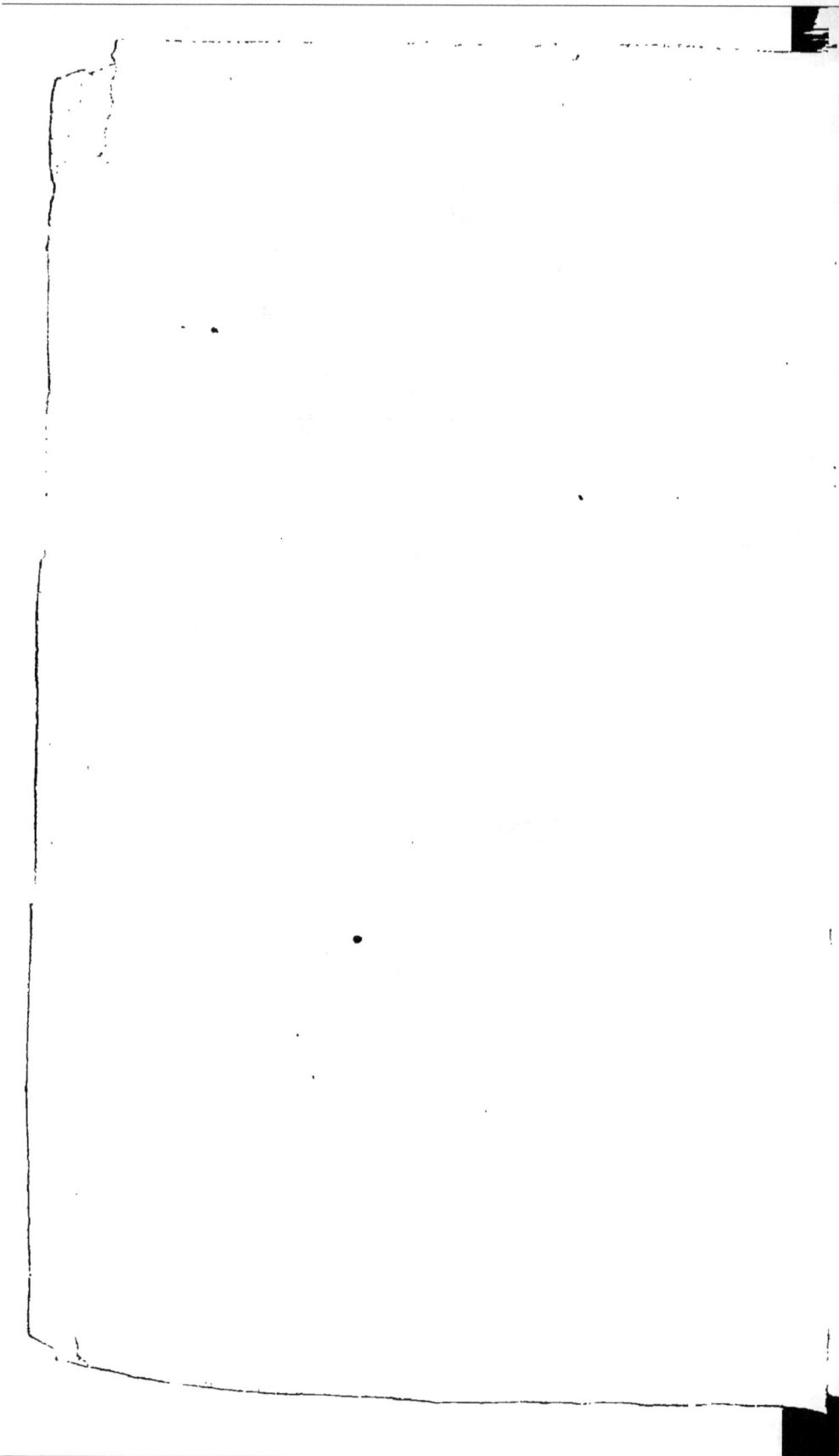

ÉCONOMIE

RURALE.

Nouveau procédé pour la propagation des arbres.

Les Chinois, au lieu de propager les arbres à fruits par semence ou à l'aide de la greffe, comme nous le pratiquons en Europe, ont adopté la manière suivante que le docteur James Howisem vient de faire connaître en Angleterre.

Quand ils ont déterminé le sujet qu'ils veulent propager, ils passent au choix de ses branches, et s'arrêtent ordinairement à celle dont la perte défigurera le moins l'arbre. Autour de cette branche, et aussi près du tronc que possible, ils entortillent une corde de paille, couverte de bouze de vache, jusqu'à ce qu'ils aient formé un tampon ayant cinq à six fois le diamètre de la branche. C'est au centre de ce tampon que doivent se former les racines. Après cette opération, les Chinois coupent l'écorce jusqu'au bois, immédiatemnt au-dessous du tampon, sur les deux tiers environ de la circonférence de la branche ; puis ils suspendent à une branche supérieure, et au-dessus du centre du tampon, un vase percé, dans le fond, d'un trou assez petit pour ne laisser tomber que goutte à

13

goutte l'eau dont ils l'emplissent ; cette eau sert à humecter la branche et à la formation des racines. Trois semaines après, le vase découlant toujours, on coupe un tiers de l'écorce qui reste et on agrandit la première incision de manière qu'elle pénètre plus avant dans le bois. Vingt jours après, on refait absolument la même chose, et généralement deux mois après le commencement du procédé on voit les racines s'entrelacer à la surface du tampon, ce qui annonce qu'il est temps de séparer la branche du tronc. On scie à l'endroit de l'incision, afin de donner le moins d'ébranlement possible au tampon qui est presque pourri, et on plante la branche comme un jeune arbre.

Moyen de hâter l'accroissement des arbres.

Le procédé consiste à laver et frotter l'écorce des jeunes arbres avec une brosse mouillée, de manière qu'il ne reste ni terre ni mousse sur l'écorce de la tige et des branches principales.

Préparation pour garantir les plaies des arbres, et pour couvrir la coupe des branches nouvellement greffées.

On prend parties égales d'huile de poisson et poix résine, que l'on fait fondre ensemble. On applique cette espèce d'onguent à froid avec un pinceau. Cette composition est employée avec beaucoup de succès en Bretagne. Elle a le grand avantage qu'elle ne se fend jamais et ne laisse aucun passage à la pluie ou au vent, causes ordinaires du dépérissement des scions : elle est plus expéditive et plus propre que l'enduit des terres grasses. Au lieu d'huile de poisson, on peut également employer les-huiles de noix, de farine, de colza, de lin, d'olive, en un mot toutes les huiles douces : elles produisent le même effet.

Moyen propre à faire rapporter du fruit aux vieux arbres.

Un propriétaire anglais avait dans un jardin de vieux pommiers qui ne produisaient plus de fruit. Pendant l'hiver, il prit de la chaux vive qu'il détrempa dans l'eau, et avec un pinceau il en appliqua une couche sur ses vieux arbres. Il en résulta la destruction des mouches et insectes ; la vieille écorce tomba et il lui en succéda une nouvelle. La plupart d'entre eux reprirent une telle vigueur et une telle apparence de jeunesse qu'ils paraissaient n'avoir pas plus de vingt ans.

Manière de faire reproduire de nouveaux bois aux branches nues des arbres fruitiers.

On sait que les branches des arbres fruitiers en espaliers finissent, au bout d'une huitaine d'années, par se dégarnir dans leur partie inférieure ; et qu'alors il est difficile d'y faire naître des bourgeons à fleurs latéraux , et même des pousses à bois. Le moyen le plus simple de remédier à cet inconvénient est de pratiquer au printemps une incision annulaire sur les branches de cette nature. L'espace intermédiaire entre la plaie et la tige principale ne tarde pas à produire des bourgeons parfaitement développés quelques mois plus tard. Le point de la branche le plus convenable à l'opération est à six ou huit pouces de distance de la tige principale.

Procédé pour préserver les fleurs des arbres de la gelée d'avril et mai.

On fait chauffer de l'eau jusqu'à ce qu'elle soit presque bouillante; puis , armé d'une petite pompe à main , dont un des côtés est garni d'une pompe d'arrosoir , on innonde les arbres d'une pluie tiède qui fond les frimas apportés par les rigueurs de la nuit , et les rayons du soleil en séchant cette rosée artificielle ne peuvent plus nuire aux arbres en fleurs.

Moyen infaillible d'écarter le gibier des arbres.

Il suffit d'enduire l'écorce des arbres , à un pied ou à un pied et demi du sol , d'huile de baleine , à laquelle on donne de la consistance en y mêlant quelque matière terreuse , comme de l'ocre , etc., et de renouveler cet enduit deux ou trois fois dans les hivers les plus longs , époque à la quelle les animaux herbivores attaquent les arbres. On doit avoir soin de ne pas couvrir les boutons, puisque cela les empêcherait de pousser.

Moyen d'avoir des cerises sans noyaux.

Prenez un jeune cerisier provenu de noyau qui n'ait poussé qu'un seul jet, au printemps ; avant la pleine action de la sève, fendez ce jeune arbre en deux, depuis l'extrémité supérieure jusqu'à l'enfourchement des racines ; ensuite avec un morceau de bois, enlevez artistement et légèrement toute la moelle de l'arbre ; de peur d'altérer trop ses organes, n'employez le couteau et le fer que pour commencer l'opération. Réunissez ensuite les deux morceaux du jeune arbre, liez-les avec une corde de laine, et bouchez exactement les fentes dans toute leur longueur, avec l'espèce de cire dont se servent les mouleurs pour faire leurs moules. La sève réunira les deux parties de l'arbre ; vous couperez le cordon de laine et vous aurez des cerises aussi belles et aussi bonnes que celles des autres cerisiers, qui auront à la place du noyau une espèce de blanc sans consistance.

Nouveau procédé pour multiplier les oliviers.

Les noyaux d'olives mûres qu'on fait avaler à des dindons qu'on enferme dans une enceinte, recueillis ensuite avec soin et placés dans une couche de terreau qu'on arrose fréquemment , lèvent assez facilement et produisent de très-beaux arbres.

NOTA. On avait cru jusqu'à ce jour que l'olivier ne venait que par bouture.

On obtient le même résultat en faisant macérer les noyaux dans une lessive alcaline.

NOUVELLE MANIÈRE DE MULTIPLIER LES ARBRES PAR LES RACINES.

Orangers, citronniers, lauriers, grenadiers, etc.

Si quelqu'un voulait faire des arbres parfaits , de feuilles , de pousses , de jets et de branches d'orangers , de citronniers , de lauriers , de grenadiers , etc. et qu'il y veuille hasarder tout l'arbre , il doit s'y prendre de la manière suivante :

Premièrement il coupe toute la tige près de la racine , et émonde ensuite la racine de toutes les ordures. Cela étant fait , on coupe la racine en divers morceaux. On emploie les plus gros pour les plus grosses branches ; les moyens pour les rameaux qui ont bien poussé , les petits pour les pousses , et les plus petits pour les feuilles. Il est à remarquer encore que lorsqu'une racine est fort longue, on la coupe en trois morceaux , en quatre , ou en un plus grand nombre , de la manière qu'il convient le mieux à leur nature. Mais l'incision doit être toujours bien accommodée par le bas avec de la *momie*,

Lorsqu'on a fait ces préparatifs pour les racines, on prend la tige ou branche que l'on veut cultiver, et on la taille en-dedans : ensuite on fait une incision à la racine, et on y ente la branche, et afin qu'il ne tombe rien de la racine, on la lie fortement à la branche avec de l'écorce. Ensuite on chauffe un peu la *momie* à une chandelle, et l'on en enduit la branche et la racine autant que s'étendent l'incision et la ligature. De cette manière la tige a sa racine, et on la plante en terre ; et par là la racine tire à soi le suc nourricier. Elle commence à se guérir et à pousser, et parvient à la fin à sa perfection.

Observations nécessaires. Premièrement, lorsqu'on a amassé quantité de racines, et qu'on ne les peut pas travailler commodément et enter en un jour, on doit les mettre dans des fosses en terre, et les bien préserver de l'air. Lorsque l'arbre a pris une racine artificielle, et qu'il ne peut être encore transplanté dans le lieu de sa destination, il doit être d'abord mis en terre ; afin que l'air ne lui porte aucun dommage ; soit par le froid, soit par la chaleur.

On doit se servir de la *momie* avec circonspection, et ne la pas appliquer trop chaude à la tige ou à la racine, car elle devient d'abord argilleuse : on la peut tirer comme un fil, et le mieux est de ne la chauffer qu'un peu. La pratique enseignera mieux comment on s'en doit servir.

Lorsqu'on applanit la tige par le bas, on doit prendre garde de ne pas trop endommager le dedans, parce que cela arrivant, il résulte de là une putréfaction ou ardeur dans l'arbre. La plus petite partie qui entre dans la racine, doit être passablement mince, afin que l'union des deux ensemble se puisse faire d'autant plutôt.

Le point capital auquel on doit s'attacher, est que la racine sur laquelle on ente la branche ou la tige, y cadre fort juste, afin que le suc qui remonte de la racine, puisse se répandre dans l'arbre, et que ce qui coule de l'arbre vers le bas, puisse rentrer de nouveau dans la racine : et par cette connexion intime l'arbre atteindra bientôt son entière croissance.

On doit aussi avoir soin de tenir bien nets et en bon ordre les instrumens, ceux qui sont requis tant pour couper, que pour hacher et scier : il faut empêcher qu'ils ne se rouillent, car la rouille de fer pénètre et fait beaucoup de dommage.

Momie pour les orangers, etc.

Prenez un quarteron de livre de *gomme copale*, (la dissolution de laquelle a été regardée jusqu'à cette heure comme un secret) broyez-la le plus fin qu'il sera possible, et passez la par un tamis

bien net; de plus, une livre et demie de térébenthine de Venise, et fondez-la sur un petit feu
dans un pot de terre bien fort. La térébenthine
étant fondue et liquide, jetez-y la gomme passée
par le tamis, remuez-la continuellement avec un
petit bâton et en augmentant le feu peu-à-peu,
elle se dissoudra insensiblement.

Laissez ensuite bien évaporer la térébenthine,
elle s'épaissira alors, et quand elle sera assez en-
durcie, on en pourra faire de petits rouleaux,
comme de la cire à cacheter, et la garder pour le
besoin.

Lorsqu'on fait la *momie*, il faut sur-tout bien
prendre garde au feu, afin qu'il n'en arrive point
de malheur dans la maison. C'est pourquoi il vaut
mieux la faire en pleine campagne.

Il faut avoir un couvercle à la main, afin de pouvoir couvrir la térébenthine sur le champ lorsqu'elle
prend feu, par où l'on peut éteindre d'abord cette
flamme.

Arbres fruitiers.

En premier lieu, quant à ce qui concerne l'opération ou l'incision, elle se fait comme il a été dit
ci-devant des orangers.

On peut faire encore le lien et l'union tant aux
petites tiges qu'aux moyennes : mais lorsque les
tiges ou racines sont trop épaisses, en sorte qu'on

ne les puisse pas serrer assez avec l'écorce, on
prend de la paille tressée l'une dans l'autre, ou
des branches d'osier ; on les serre comme il faut,
et on les lie ensuite avec un peu d'écorce.

On accommode l'incision avec de la *momie* quoique préparée d'une autre manière, et on la met
ainsi en terre.

Momie des arbres fruitiers et forestiers.

Prenez une livre et demie de térébenthine commune, et deux livres de poix commune. Et lorsque
la térébenthine est fondue dans un pot sur le feu,
comme l'on dit de la noble *momie*, on y jette la
poix pulvérisée finement, et lorsque la chaleur a
bien mêlé le tout ensemble, et que la composition
est raisonnablement épaissie, on n'a qu'à la garder
pour s'en servir.

Notez ceci : que l'on peut faire de petits bâtons
de cette composition, comme la cire à cacheter,
pour s'en servir à accomoder de petits arbres. Ou
bien on peut la garder dans un pot ou dans un plat,
et lorsqu'on en aura besoin, il n'y a qu'à la faire
fondre sur un peu de feu, et à en enduire le lien
avec un petit pinceau, comme on l'a déjà dit ci-
devant.

Premièrement, il faut faire beaucoup d'attention
au temps, lorsqu'il s'agit d'arbres fruitiers sur-tout

aux grosses branches et aux arbustes : le meilleur est aux mois d'octobre, novembre et décembre parce qu'en ce temps-là, la nature opère le plus en terre. Cela est encore bon aux mois de février, de mars, et d'avril, mais le succès en est un peu plus incertain à cause de la chaleur et que les sucs remontent.

Lorsqu'on désire avoir quantité de pommiers et de poiriers, et qu'on n'a pas assez de racines d'arbres greffés, on peut bien y employer des racines de pommiers et de poiriers sauvages tirés des bois comme aussi de coignassiers, qui produisent du très-bon fruit. En cas de nécessité on prend des arbres communs des bois, comme l'érable, le fresne et le sapin. De plus, lorsqu'on n'a pas assez de racines de pêchers, d'abricotiers, etc. On peut prendre, pour cet effet, celles de pruniers ; de cerisiers ou de sorbiers, et y enter les tiges.

On entera mieux des tiges de châtaigniers, sur les racines de chêne et de sapin ; les mûriers sur les racines de gros noyers ; les pommiers sur les épines, et les noisetiers sur les racines de gros noyers. Pour couper court, chaque amateur intelligent saura bien s'aider soi-même, pourvu qu'il y trouve du plaisir.

Bois et Forêts.

Tous ceux qui ont envie de faire un bois doivent du moins avoir un bosquet pour cet effet. On abat des tiges de quelque arbre que ce soit , les plus grosses branches , et cela dans l'automne lorsque les arbres sont dénués de feuilles, et on les enferme en quelque endroit , où elles sont à couvert du grand froid , de la pluie et de l'ardeur du soleil. Ensuite on déterre avec les racines , quelques arbres dont on abat les plus grosses racines , et on les partage à proportion , afin que chaque racine s'accommode et s'ajuste avec l'arbre qui doit reposer dessus. On peut aussi sans hésiter un moment, abattre des arbres les grosses et longues racines sortant de terre : car pourvu que l'on épargne seulement la principale racine , cela ne peut préjudicier à l'arbre. Au mois de février , de mars et d'avril , cela réussira bien , n'y ayant que la chaleur du soleil qui fasse de la peine : mais la pratique en enseignera davantage.

Lorsqu'on a quantité de ces racines toutes prêtes , et qu'on ne les peut pas employer d'abord , on les met à terre , afin qu'elles se conservent fraîches. On peut même employer à cela les racines d'arbres qui ont été abattus depuis longtemps , pourvu qu'ils ne soient pas desséchés.

L'incision dans la racine et la formation de la branche et de la tige, se fait comme l'on a dit ci-devant à l'égard des citronniers et poiriers. Quant à la manière de lier, outre l'écorce et la ficelle, on peut se servir aussi de cordon de paille tressée, ou de branches d'osier entortillées l'une dans l'autre comme de la corde, afin que les tiges restent bien fermes; mais le bâton demeure à la tige, et on l'attache avec de l'écorce ou avec quelque chose de pareil. Outre cela on prend la *momie* des arbres fruitiers, et si l'on veut épargner, on achète de la poix la plus commune et la plus vile térébenthine, et l'on accommode avec cela la jonction ou l'union. Mais il faut bien prendre garde que la *momie* ne soit pas trop chaude, car si on l'y applique ainsi, elle endommage la racine, la tige et ses sucs; et l'arbre ne croîtra pas. Il vaut mieux s'en servir lorsqu'elle est bien refroidie, et le plus sûr est de porter la matière de la racine vers le haut, et en attendant la chaleur se modère un peu.

Greffe de la vigne.

On sait généralement que la vigne, renouvelée par la méthode ordinaire (la plantation), n'est en plein rapport qu'à la cinquième ou sixième année. Frappés de cet inconvénient, plusieurs agriculteurs ont cherché des moyens de renouvellement

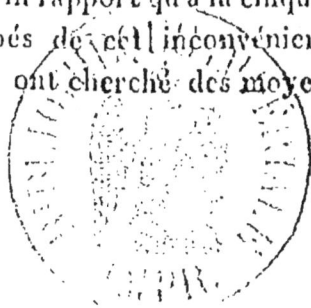

qui missent plus proptement la vigne à fruit ; ils ont découvert que la greffe atteignait ce but. Par cette méthode, que plusieurs propriétaires de la Côte Dijonnaise commencent à adopter, on a non seulement l'avantage de jouir dès la première année, mais encore celui de pouvoir substituer à un plant de mauvaise qualité un plant de qualité supérieure.

Mastic pour conserver les greffes en fente, en écusson, ou d'autre manière.

On fait fondre ensemble dans une chaudière ou dans un pot que l'on réserve pour cet usage, de la poix noire, de la poix résine, de la térébenthine et de la gomme arabique, et si l'on veut un peu de cire : on met plus de poix noire que des autres ingrédiens, quand on veut aller au ménage ; et alors on diminue à proportion la dose de térében- thine et de gomme qui sont plus chères. On porte au pied de l'arbre un réchaud de feu sur lequel on tient les drogues chaudement ; on en enduit exac- tement les fentes et commissures, ainsi que le dessus du tronc sur lequel l'ente ou l'écusson sont insérés, de manière que ni la pluie, ni le soleil ne puissent pénétrer dans les fentes, ni endom- mager la superficie. On met ensuite de cet enduit sur le bout de la branche greffée, pour l'empêcher de gercer, et tout se mastique si bien, que la greffe est préservée de tous accidens.

Cire pour la greffe.

Prenez une livre de poix noire commune, un quart de térébenthine ordinaire ; mêlez les deux substances ensemble dans un pot de terre que vous exposerez sur le lieu en plein air. Vous vous munirez d'un linge mouillé pour couvrir le feu de temps en temps, lorsque son action vous paraîtra trop vive ; vous le ranimerez ensuite et l'éteindrez encore, jusqu'à ce que toutes les parties nitreuses et volatives de la matière en ébulition soient évaporées. Alors vous y mêlerez un peu de cire commune, et dès qu'elle sera fondue, vous laisserez refroidir cette préparation. Vous pourrez la mettre en usage quand vous le jugerez à propos.

Moyen de préserver les arbres des chenilles.

Il faut placer au haut de la tige de l'arbre une grosse motte de terre, que l'on aura soin d'assujettir. Toutes les chenilles, placées même sur les branches les plus élevées, tomberont ainsi en peu de jours. La motte de terre, qu'on ne retirera pas, empêchera qu'elles ne remontent sur l'arbre.

On empêche aussi les chenilles de monter sur un arbre, en formant un cordon de graisse tout autour de son pied.

Manière de détruire les chenilles.

Faites bouillir deux livres de potasse dans deux litres d'eau ; lorsque cette lessive sera réduite à moitié, vous la passerez à travers un linge et vous la laisserez déposer pendant deux ou trois jours ; puis vous la tirerez au clair, en y ajoutant six onces d'huile à brûler. Agitez le tout ; et vous obtiendrez une espèce d'opiat blanchâtre ; quand vous voudrez vous en servir, faites-le chauffer, puis trempez-y un linge attaché au bout d'une perche ; tout paquet de chenille touché avec ce linge ainsi imprégné, en mourra sur le champ.

Moyen d'éloigner les fourmis et les chenilles des arbres.

Un vieux morceau de corde imbibée d'huile et fortement goudronnée, dont on entoure le tronc d'un arbre, en chasse les fourmis. L'odeur les importune subitement, celles qui sont déjà montées quittent les feuilles qu'elles rongeaient, s'embarrassent les pattes dans le goudron, et y périssent ; les autres fuyent pour ne plus s'approcher de l'arbre, qui en est délivré en peu de temps.

Un moyen analogue en chasse les chenilles, vers et autres insectes ; il suffit d'entourer le tronc de l'arbre et les plus fortes branches, d'une bande d'écorce de mûrier. Tous les insectes ont une an-

tipathie pour cet arbre ; qui semble avoir été ré-
servé pour nourrir et pour défendre en même temps,
contre toute atteinte, les vers-à-soie. Les fourmis
ne souffrent pas de ce procédé, mais celui qui pré-
cède les chasse complètement.

Destruction des fourmis.

Enduisez de sirop plusieurs vases, que vous
placerez renversés au dessus des fourmilières. Vous
trouverez tous les jours des milliers de ces insectes
dans ces vases, et vous les détruirez en leur je-
tant dessus de l'eau bouillante.

Moyen de chasser les chenilles d'un jardin.

Semez du chanvre sur le bord de toutes vos pla-
tes bandes, et aucune chenille ou autre insecte dé-
vorant n'approchera des légumes et des fleurs que
garantissent un tel rempart.

Destruction des charançons.

Cet insecte, si préjudiciable aux blés et aux
vignes, s'éloigne à l'odeur du chanvre et du su-
reau broyés ensemble, ou encore à celle de l'ail
écrasé en frictions sur les plantes attaquées.

Destruction des hannetons.

Munissez-vous de flambeaux, dont la mèche
aura été trempée dans du soufre fondu, et recouverte avec de la poix ordinaire. Passez sous les

arbres et le long des haies avec ces flambeaux al-
lumés entre neuf heures du matin et trois heures
du soir, et cela dans les mois de mai et de juin.
Faites ensuite secouer les branches de vos arbres
avec des crochets, ramassez les hannetons qui tomberont en foule, et faites-les brûler entre deux
couches de paille.

Destruction des vers blancs.

Pour détruire ces vers qui dans moins d'une jour-
née dévastent quelquefois tout un jardin, il faut
faire brûler les feuilles de charbon, orties ou toute
autre espèce d'herbages inutiles, faire une lessive
avec ces cendres et en arroser les couches du jardin que vous voulez garantir du ravage de ces insectes ; deux ou trois arrosages suffisent pour les
détruire.

Destruction des guêpes.

Imbibez une étoupe avec de l'essence de térébenthine, introduisez-la toute allumée à l'entrée du
guêpier, et à une heure où les insectes s'y trouvent
réunis, comme une ou deux heures après le coucher
du soleil, et toutes les guêpes y resteront étouf-
fées.

Destruction des mulots.

Parmi les moyens employés, celui qui peut réunir le plus de succès, est d'apporter par les champs de blé soit des sacs de menue paille, soit de paille un peu brisée, comme la litière des chevaux. On en fait de petits tas d'environ un demi-hectolitre, et à chacune on y mêle une poignée de criblure d'avoine. La distance adoptée entre chaque tas est de 25 pas. Les mulots préférant ce gite à celui qu'ils occupent sous une terre humide, y sont attirés, et peuvent facilement être détruits par des hommes qui parcourent chaque jour les tas, ou par des chiens dressés à cette chasse.

Destuction des vers et des insectes qui rongent les végétaux.

Il suffit de saupoudrer avec la fleur de soufre les feuilles des plantes ou des arbres sur lesquels on aperçoit les traces des vers ou des insectes. Il faut pour cela renfermer la fleur de soufre dans un morceau de toile ou de mousseline, que l'on secouera sur les feuilles et les jeunes pousses. On peut également se servir d'une houppe à poudrer.

Destruction des taupes.

On prend des vers de terre, que l'on coupe par tronçons d'un pouce et demi à deux pouces, et on les jette dans un pot où l'on a mis de la noix vomique en poudre; on les y roule, on les en couvre, et on les y laisse séjourner pendant vingt-quatre heures. Au bout de ce temps , on les en retire, on ouvre les boyaux de distance en distance , et on y met ces tronçons. Lorsque la taupe vient travailler , elle les rencontre , en mange et périt.

Moyen de détruire les insectes enfermés dans les légumes secs.

Lavez vos graines dans de l'eau froide aussitôt après la récolte , et faites-les sécher parfaitement au soleil. Tous les insectes qui sont formés sortent et s'envolent , et ceux qui ne le sont pas encore ne se développent point par la suite.

Pour garantir les semences des ravages des insectes , des oiseaux , etc.

On les immerge dans de l'urine , de l'huile , ou autre composition dont l'odeur forte et désagréable en éloigne les animaux qui les butinent. On les empreint aussi de substances salines et caustiques qui font périr ceux qui les consomment.

Manière de prendre les grillons.

On a une grosse fourmi qu'on attache par une patte avec un fil bien fin. On la fait entrer dans le trou du grillon qui se précipite sur elle , et en sort quand on retire la proie qu'on lui offre et dont il est très-friand.

Manière de détruire les chardons, la fougère et le pas d'âne.

Un cultivateur ayant remarqué que partout où la voiture avait passé les chardons étaient détruits, fit passer un cylindre de fer sur toutes les parties du champ, trois fois dans le printemps ; depuis lors le champ a été délivré de chardons. On peut détruire la fougère et le pas d'âne par le même procédé.

Moyen de conserver long-temps le blé.

Il faut le porter au grenier avec la menue paille : il n'a pas besoin alors d'être retourné avec la pelle, et il se conserve pendant toute l'année sans contracter d'humidité et sans se rouiller ; il faut seulement avoir soin de l'apporter parfaitement sec.

Moyen d'augmenter le produit du blé.

Si l'on coupe le blé huit jours avant sa maturité, ce que l'on connaît lorsque le grain étant pétri dans les doigts, la pâte a la consistance de la mie d'un pain sortant du four, que l'on pétrirait également ; si on le laisse sécher en gerbes pendant quatre ou cinq jours sur les sillons, en ayant soin de les retourner avant le lever du soleil pour que la chaleur enlève son humidité et celle de la rosée, on aura une récolte plus nourrie, plus belle, plus.

pesante que si on l'avait moissonnée plus sèche,
et qui aura l'avantage de ne jamais être attaquée
par le charançon.

Moyen d'empêcher la fermentation du blé.

Si la fermentation, qui n'est autre chose qu'un
commencement de végétation, a déjà attaqué les
blés, on parvient à la prévenir en entretenant le
grain dans un état de fraîcheur et de sécheresse.
Pour cela, on étuve le blé en le mettant au four
immédiatement après qu'on a retiré le pain, et en
l'y laissant jusqu'à ce que le four ait perdu sa chaleur. Le blé dès lors n'est plus propre à la germination.

D'autres personnes ont placé leurs grains dans
des greniers bien nettoyés, qui ont des ouvertures
à l'orient ou au nord et des soupiraux en haut.
Elles le remuent pendant les six premiers mois tous
les quinze jours, et les dix-huit mois suivans,
tous les mois. On en fait ensuite des tas aussi hauts
que le plancher peut le permettre ; on met sur chaque tas un lit de chaux vive en poudre de quatre
pouces d'épaisseur ; puis, avec des arrosoirs, on
humecte cette chaux qui forme avec le blé une
croûte. Les grains de la surface germent et poussent une tige, mais l'hiver la fait mourir, et le
reste du grain peut, ainsi préparé, durer plus de

cent ans sans éprouver la moindre altération. C'est ainsi que le duc d'Epernon a fait préparer à Metz des tas de blé qui se sont conservés pendant près d'un siècle et demi.

Moyen d'empêcher la germination du blé.

La germination du blé sur pied, dans les années pluvieuses, est une calamité qu'on prévient en les coupant dès qu'ils sont mûrs, en les liant par petites gerbes qu'on suspend sur des perches à deux pieds de terre, l'épi tourné en bas, afin que l'eau glissant sur la paille, ne pénètre pas le grain, et que l'humidité qui s'échappe du sol ne hâte pas sa germination. On saisit ensuite le premier beau jour qui suit cette opération pour rentrer les gerbes en granges, où on les expose à un courant d'air qui achève de les sécher. Enfin on le bat promptement et l'on met le grain sur des claies, si l'on craint qu'il n'ait conservé quelque humidité.

Si l'on est pressé de faire sécher le blé, on peut le porter à l'étuve en l'étendant sur des toiles ou suspendant les sacs contre le mur à des chevilles de fer qu'on y a fixées. Quand il est bien sec, on l'enferme, après l'avoir vanné, dans des tonneaux de chêne bien secs et bien reliés, que l'on ferme ensuite aussi hermétiquement que possible.

Moyen de préserver le blé du charbon.

Ce procédé consiste à faire tremper pendant quelques heures le blé qu'on veut semer, dans une solution de sulfate de cuivre ou vitriol bleu, à la proportion de deux onces dans vingt-cinq litres d'eau pour cinq doubles décalitres de semence. Ce moyen le préserve du charbon avec la plus entière efficacité, et avance sa germination et sa sortie de terre de plus de huit jours.

La chaux éteinte dans de l'urine préserve de la carie, hâte également la germination, et met enfin le grain à l'abri des insectes et des animaux.

Conservation des choux fleurs pendant l'hiver.

On doit semer la graine au commencement de juillet sur couche au midi. Quand les plants sont un peu forts, on les éclaircit de manière à laisser entre eux un espace de 33 à 40 centimètres. Comme ils ne peuvent supporter que 3 ou 4 degrés de gelée, on les rentre vers la mi-novembre, et on les met dans un terreau, en laissant à leurs racines le plus de terre possible : on enlève les feuilles à mesure qu'elles se fanent, et on coupe successivement ceux qui paraissent ne pas pouvoir se soutenir. On peut en conserver ainsi jusqu'en février.

Manière de faire sécher les pois et les fèves pendant l'hiver.

On met pour un litron de pois une peinte d'eau que l'on fait bouillir ; on jette les pois dedans ; quand l'eau recommence à bouillir, on les retire et on les jette de suite sur un tamis. Quand ils sont bien égouttés, vous les laissez sécher sur un autre tamis, avec un feu très-doux dessous, pendant 24 heures. Il ne faut pas les couvrir, et on aura soin de les remuer de temps en temps. On fait de même pour les jeunes fèves.

Conservation du fourrage.

Il faut, lors de la fenaison, répandre une demi-livre de sel, séché au feu et réduit en poudre, sur un quintal de foin environ, ce fourrage se conservera mieux et sera en même temps plus profitable aux animaux en ce qu'il excitera davantage.

Si l'on veut saler du regain, il faudra une livre de sel par quintal ; du reste on le saupoudrera de la même manière que le foin, c'est-à-dire à proportion qu'on le tassera dans les granges.

Emploi du chiendent pour les chevaux.

Une ou deux bottes de chiendent de dix à douze livres, données chaque jour à des chevaux fatigués et épuisés, leur rend la santé et l'embonpoint.

Désinfection des salles des vers à soie.

Le procédé de désinfection des salles destinées à l'éducation des vers-à-soie consiste à mêler dans un vase de verre ou de terre non vernissée, une cuillerée de sel marin avec à peu près un tiers d'oxide noir de manganèse, et à y verser une petite quatité d'acide sulfurique. Le mélange aussitôt fermente et laisse échapper en grande abondance une fumée acide, vive et pénétrante, qu'il faut éviter de respirer de trop près. On doit alors se promener autour des établis, jusqu'à ce que la fermentation se soit calmée. Si la salle est très - grande il sera bon d'avoir deux ou trois de ces appareils : on renouvelle cette opération soir et matin. Les fumigations sont propres à empêcher les vers de tourner au gras, à hâter leur éducation et à rendre la santé aux chambrées languissantes.

Pour retarder la germination des pommes de terre.

On fait monter chaque année, vers la fin de l'hiver, dans les greniers et sur les carreaux des chambres hautes vacantes, tout ce qu'il peut y loger de pommes de terre, en les étendent de l'épaisseur de deux ou trois tubercules au plus. On tient les lucarnes ou les fenêtres ouvertes dans le jour, ou même la nuit quand on ne craint ni gelée ni pluie.

Les tubercules ainsi exposés à la lumière et à l'air, verdissent à la surface, ne végètent plus que très-lentement, restent fermes et pleins, et leurs germes nourris, courts et colorés, sont en état de fournir, jusque dans une saison avancée, à une bonne végétation.

Pour obtenir des primeurs de pommes de terre.

Au mois d'octobre, on choisit une exposition au midi et au pied d'un mur ; on y pratique une fosse de deux pieds de profondeur, plus ou moins longue, selon la quantité de pommes de terre que l'on veut ensemencer. Vous laissez cette fosse ouverte pendant 15 jours et la remplissez de feuilles bien foulées ; aux premiers jours de novembre, vous recouvrez ces feuilles d'une couche de sable égale à celle des feuilles, vous placez un troisième lit de terre végétale, sur lequel vous mettez vos pommes de terre de la variété la plus tardive, et vous les recouvrez d'une quatrième couche de terre, recouverte elle même, à l'époque des gelées, d'un pied de paille hachée que vous enlevez dans les premiers jours de mars. De cette manière vous aurez des pommes de terre quinze jours au moins avant celles obtenues par les procédés les plus expéditifs.

Pour obtenir des petits pois de bonne heure.

Vers la mi-janvier on construit sous chassis une bonne couche de feuilles de chêne, dans laquelle on plonge des pots de 23 centimètres de diamètre à cette même distance entre eux. On plante dans chaque pot 2 douzaines de pois en rayon circulaire, et tout autour on plante un rang de petites rames, élevées de 33 centimèt. au dessus du sol de la couche. Les pois poussent avec vigueur, s'accrochent et s'appuyent aux ramilles. Vers la mi-mars les tiges pourront avoir 40 centimèt. de haut. A cette époque on les transplantera à demeure en pleine terre, sans craindre que cette opération leur soit nuisible; on les soutiendra à l'aide de baguettes, et l'on aura un mois d'avance sur les primeurs de même espèce les mieux conduits.

Cire extraite des fleurs de peupliers.

Tous les journaux ont annoncé récemment qu'une personne avait reconnu que l'on pouvait extraire des fleurs de peupliers une espèce de cire qui remplacerait celle que l'on brûle. Ce résultat est connu depuis long-temps. M. Gay-Lussac en a parlé dans ses leçons de chimie, à la Sorbonne. Il suffit de prendre, au moment de la sève, les bourgeons des peupliers, de les enfermer dans des sacs pareils à ceux où l'on conserve le houblon, et de les soumettre à une forte pression. Il en découle une cire qui est très-bonne et qui serait facilement applicable aux besoins du commerce. C'est une nouvelle branche d'industrie qui peut être profitable, et d'autant plus que ce ne sont pas les peupliers seuls qui produisent cette cire : elle est répandue dans toute la végétation. Les tiges, les feuilles, les fruits des végétaux en fournissent. On pense que ce sont les peupliers qui en donnent la plus grande quantité. La matière première est trouvée, et elle est assez abondante pour suffire à tous les besoins. Mais il restera encore plusieurs choses à considérer. Obtenir un moyen économique de purifier cette cire, et déterminer si cette espèce de moisson faite sur les arbres ne leur porte pas préjudice ; voilà deux questions qui se présentent naturellement à l'esprit et dont la solution est nécessaire. Nous avons cru devoir signaler ces difficultés et les porter à la connaissance des personnes intéressées à les approfondir.

Emploi du charbon pour désinfecter les étangs et les marres.

Un des membres correspondants de la Société, M. Fontaine, nous écrit qu'une mare, dans laquelle il avait mis des poissons, qui, jusqu'en 1839 y prospéraient à merveille, ayant été desséchée en partie par les chaleurs du mois d'août , le poisson perdit toute énergie et toute activité : il en mourait tous les jours par certaines ; ceux qui avaient résisté aux effets de la maladie étaient couverts d'une sorte de mucus blanchâtre , et ils mouraient sitôt qu'on les tirait de l'eau.

Le propriétaire eut l'heureuse idée de jeter , à plusieurs reprises , du charbon de bois dans ce bourbier , et il fut agréablement surpris de la rapidité avec laquelle ces carpes recouvrèrent la fraîcheur et la santé , quoique l'eau continuât à baisser dans la mare.

Ceci ne surprendra point quand on saura que le charbon est employé avec succès pour purifier , désinfecter les eaux les plus sales , les plus corrompues , et les rendre potables à l'instant.

Fabrication de fromages de pommes-de-terre.

On fabrique dans la Thuringe et dans une partie de la Saxe ces fromages de pommes-de-terre qui sont très-recherchés ; en voici le procédé :

Les pommes-de-terre de bonne qualité (les grosses blanches sont préférées) étant bouillies et pilées , on les réduit en pâte dans un mortier ou par tout autre moyen. A cinq livres de cette pulpe , qui doit être bien égale et bien homogène , on ajoute une livre de lait aigri et la quantité de sel nécessaire. On pétrit ce mélange, on le couvre et au bout de trois ou quatre jours de repos, suivant la saison, on le pétrit de nouveau : après quoi on place les fromages dans de petites corbeilles où ils perdent leur humidité superflue.

Quand on les juge suffisamment égouttés, on les met sécher à l'ombre après les avoir disposés par lits dans de grands pots ou dans des tonneaux : on les laisse dans cette position pendant quinze jours.

On fait encore deux autres espèces de ces fromages : dans la première on mêle quatre parties de pommes-de-terre avec deux parties de lait caillé ; la seconde contient 2 livres de pommes-de-terre sur 4 livres de lait de vache ou de brebis.

Plus les fromages vieillissent, plus ils acquièrent de qualité : ils ont en outre l'avantage de ne pas engendrer de vers et de se conserver frais pendant plusieurs années, pourvu qu'on les tienne dans un lieu sec, enfermés dans des vaisseaux bien clos.

Moyen propre à arrêter les essaims quand ils quittent leurs ruches.

Les abeilles d'un essaim ne sont point à craindre tant qu'elles n'ont point de couvain à défendre ; lorsqu'elles sortent, l'essaim s'abaisse et se fixe presque toujours sur un arbrisseau voisin, en tournant sur lui-même. Si l'essaim s'élevait à douze ou quinze pieds, il faudrait lui jeter de la terre en poussière, du sable ou même de l'eau. Si la rapidité des abeilles rend ces moyens inutiles, et si elles franchissent les limites de l'enclos, le propriétaire usera du droit que lui réserve la loi ; il peut les suivre et en réclamer la propriété. S'il arrivait qu'un essaim fût réclamé par plusieurs personnes, un moyen infaillible de reconnaître le véritable propriétaire, serait, après avoir reçu l'essaim dans une ruche, de le rentrer brusquement dans une chambre ; les abeilles qui n'auront pas été recueillies, après avoir erré quelque temps autour, ne tarderont pas à retourner dans la ruche d'où elles sont sorties. Dans tous les cas il faut s'en emparer promptement, parce qu'il ne resterait pas long-temps à la même place, surtout si le soleil dardait sur lui avec violence ; et si, par quelque raison, on ne peut le recueillir de suite, il faut prévenir un second départ en lui faisant un abri contre le soleil, les vents ou la pluie.

Moyens de se familiariser avec les abeilles.

Pour vivre en paix avec les abeilles, il suffit de ne pas les chagriner, et si par hasard elles se posent sur vous, et que cela vous gêne, il faut se contenter de souffler dessus, et ne point les chasser avec la main : une secousse trop brusque les mettrait en colère.

Lorsqu'on sera bien convaincu de cette vérité, on ne craindra plus les abeilles ; on parviendra même à les manier sans les irriter. En les approchant, en leur donnant quelques soins, en leur offrant de temps à autre des alimens de leur goût elles reconnaîtront l'ami qui les soigne, et se reposeront sur lui avec sécurité.

Lorsqu'on veut toucher à l'intérieur des ruches, on se munit d'un linge attaché à un bâton, et on le présente fumant à l'entrée des ruches. Les abeilles fuient aussitôt en bruissant ; quand on a fini, on retire le linge, et les abeilles se remettent bientôt de leur crainte.

Assainissement des abreuvoirs.

Pour assainir un abreuvoir d'eau dormante, il suffit d'y mettre des poissons, tels que la tanche, le gardon, et surtout le carassin.

Maladie des oiseaux de basse-cour.

Lorsque les poules ou les autres oiseaux de basse-cour sont attaqués de la pépie, on prend le malade entre ses jambes et on lui ouvre le bec ; on gratte légèrement la pellicule avec une aiguille, on l'arrache et on la sépare de la langue que l'on humecte ensuite d'une goutte de vinaigre, d'un peu de salive ou de lait bien butireux ; et on laisse l'oiseau sans lui donner à boire pendant un quart-d'heure.

Manière de rendre le chanvre semblable au lin

On fait d'abord une lessive avec de bonnes cendres, dans lesquelles on met un peu de chaux vive, selon la quantité de chanvre qu'on veut raffiner. On la retire du feu, pour la laisser éclaircir; après cela on prend le chanvre, on le pèse; et sur dix livres, on ajoute une livre et demie de savon ratissé. On fait tremper le chanvre pendant un jour dans la lessive, on le fait bouillir deux heures de suite, puis on le retire, et on le fait préparer comme du lin.

Signes qui peuvent diriger dans la recherche des sources d'eau.

Il faut, en été, avant le lever du soleil, par un temps calme et sec, se coucher le ventre contre terre, et le menton appuyé, regarder la surface de la campagne : si l'on aperçoit quelque endroit qui n'est pas marécageux ou humide, où il s'élève des vapeurs en ondoyant, on peut espérer d'y fouiller avec succès. Un second indice, à peu près semblable, est lorsque, après le soleil levé, on voit comme des nuées de petites mouches qui volent vers la terre surtout en se tenant constamment au même endroit.

Les signes les plus certains qui indiquent les veines d'eau cachées dans la terre , sont les plantes aquatiques qui croissent dans certains endroits sans que les eaux marécageuses les nourrissent.

C'est principalement à la pente des montagnes qui regardent le nord , qu'il faut chercher les eaux , la terre y étant moins desséchée par le soleil. Par la même raison, les sources d'eau se trouvent plutôt aux côtés des collines et des montagnes qui sont exposées aux vents humides et pluvieux.

La terre noire contient la meilleure eau : celle qu'on trouve dans une terre sablonneuse, pareille à celle qui est au bord des rivières , est aussi très-bonne , mais on a remarqué que la quantité est médiocre, et les veines peu certaines. Les eaux sont plus assurées et assez bonnes dans le sable rude , dans le gravier , dans le cailloutage brun et autres pierres ; dans les sables et pierres rouges , elles sont bonnes aussi et abondantes. Ordinairement l'eau qu'on trouve dans la craie n'est ni bonne ni abondante.

Il faut observer que les montagnes les plus escarpées fournissent le moins d'eau , et que celles qui, au contraire, ont une pente douce, et qui sont couvertes de beaucoup de verdure, renferment d'ordinaire quantité de rameaux dont les eaux réunies sont abondantes et saines. On doit creuser le terrain, pour trouver ces sources, jusqu'au lit de glaise qui les retient.

Lorsqu'il n'y a point d'étangs auprès, le plus sûr moyen pour découvrir les sources est de percer le terrain, d'amener à la surface les différentes couches de terre qui sont au-dessous, et d'examiner si elles donnent quelque indice d'eau. On fait cette opération avec de longues tarières.

Sucre de betterave.

On coupe les racines des betteraves en tranches longitudinales aussi minces que possible, et on les fait sécher sur des claies dans une étuve. Lorsqu'elles sont aussi desséchées que possible, on les met pendant quelques heures, les unes après les autres, dans une petite quantité d'eau froide. Le sucre passe dans cette eau avant qu'elle ait pu seulement ramollir les tranches, et on l'en extrait par l'évaporisation et la cristallisation. Si on laissait dessécher les tranches à l'air libre, elles se pourriraient la plupart ; si on les mettait dans un four, elles risqueraient de se cuire. Ce procédé du professeur Gottling, est le plus simple et le moins dispendieux.

Après l'extraction du sucre, les tranches peuvent être employées à la nourriture des bestiaux ou des volailles, en achevant de les laisser ramollir.

Pour avoir des roses de diverses couleurs.

Pour avoir des roses vertes, plantez un rosier près d'un houx, ou un houx près d'un rosier ; ôtez un peu de peau à l'un et à l'autre, et joignez ensemble plusieurs de leurs branches ; mettez sur les coupures de la mousse d'arbre liée avec un fil, pour que le soleil ne les endommage pas, et par-dessus la mousse, de la terre du même jardin. Lorsque la racine est formée, vous la coupez et la replantez ; et vous aurez des roses vertes.

Pour en avoir de rouges, il faut avoir une bet-terave près du rosier dont vous faites passer une branche dans la plante ; vous la recouvrez de terre ·qu'à ce que la branche ait pris racine, ensuite ·is la replantez, et vous avez des roses rouges.

 ‐ Pour s'en procurer de jaunes, au lieu d'une etterave vous emploierez une carotte.

Étamage de cuivre.

On nettoie le vase de cuivre qu'on veut étamer, de manière que la surface en soit brillante et polie; on la frotte ensuite avec du sel ammoniac réduit en poudre ; on chauffe le vase sur des charbons ar-dents : on y saupoudre de la poix-résine et en y verse ensuite de l'étain fondu qu'on promène sur toute la surface intérieure du vase avec un tampon d'étoupes. L'étain se combine en un instant avec le cuivre, qu'il blanchit parfaitement en le recouvrant d'une couche très-mince, mais qui suffit pour empêcher le contact du cuivre avec les substances qu'on veut préparer dans le vase.

Nous ajouterons qu'il est très-dangereux de laisser séjourner des alimens dans des vases de cuivre, quelque bien étamés qu'ils soient, surtout si les alimens sont acides ou contiennent du vinaigre.

Baromètre vivant.

Une sang-sue mise dans un bocal contenant 8 onces d'eau, rempli aux 3 quarts, recouvert d'une toile fine et placé sur une fenêtre, reste sans mouvement au fond du vase, roulée en spirale, tant que le temps est beau et serein ; à l'approche de la pluie elle monte à la surface et y reste jusqu'à ce que le temps se remette au beau ; elle parcourt l'eau avec une vîtesse étonnante et paraît inquiète lorsqu'il doit y avoir du vent, et ne cesse de se mouvoir tant que le vent souffle. A l'approche des tempêtes, des orages, elle est mal à son aise, dans des agitations convulsives et presque continuellement hors de l'eau ; pendant la gelée elle reste au fond du bocal, mais le temps neigeux la fait remonter à la surface. On doit renouveler l'eau du bocal tous les jours en été, et tous les quinze jours en hiver.

Équerre juste et à peu de frais.

Avec un morceau de papier plié sans soin, mais replié sur lui-même de manière que ce second pli recouvre le premier exactement, sans qu'aucun des deux plis se dépassent, on fait la plus juste des équerres. En divisant cette équerre avec un compas, on peut avoir un angle de 45 degrés, ou toute ouverture qu'on voudra.

Manière simple de pratiquer dans un tronc d'arbre un tuyau d'une grosseur indéterminée avec le secours d'une seule tarière.

On perce d'abord le tronc de part en part avec une tarière ordinaire; puis, un jour que le vent souffle, on dispose l'arbre de façon que le courant d'air puisse filer directement dans le trou d'où il est percé, après quoi on met du feu dans ce trou; le bois s'allume et la flamme est entretenue par le souffle du vent. Cependant lorsque la croûte charbonneuse a acquis une certaine épaisseur, la flamme s'éteindrait et le bois cesserait de brûler; mais on l'entretient en enlevant le charbon au moyen d'un racloir emmanché au bout d'un bâton; en raclant à propos, on élargit le trou tant que l'on veut et aux endroits où il convient.

Pour repasser les instruments tranchants.

Ayez du savon dit savon de palme. Après avoir

nettoyé la pierre à repasser avec une éponge, du savon et de l'eau, il faut bien l'essuyer ; trempez votre pierre et votre savon dans l'eau pure ; frottez ensuite la surface de la pierre avec le savon, afin qu'elle en soit recouverte entièrement. Après cela, repassez votre rasoir ou tout autre instrument à l'accoutumée, il obtiendra un fil bien supérieur à celui que lui donne l'huile. Il faut faire attention qu'il n'y ait point de poussière sur le savon.

Moyen de rendre les maisons incombustibles.

Il consiste à prendre un composé de neuf parties d'argile, une de tan, et une d'eau de tannerie ; on y ajoute une treizième partie de cendres, avec une égale quantité de sable, si l'argile est bonne et bien grasse, et une vingt-cinquième partie de sable et de cendres, si l'argile est moins bonne. On pétrit le tout avec de l'eau et on laisse reposer cette pâte ; on l'étend sur un plancher uni en lui donnant l'épaisseur de 3 ou 4 doigts, et on attache avec une ficelle bien frottée de savon, une couche de paille de même épaisseur. Outre cette couverture préservatrice, il faut enduire les bois et tout le toit, d'une couche de la même pâte.

Pour rendre le bois incombustible.

Pour rendre le bois d'un parquet incombustible, il ne s'agit que de le faire bouillir dans de l'eau qui contienne des sels incombustibles , tels que du sel marin , du vitriol et de l'alun mêlés ensemble. Les particules salines qui s'introduisent dans les pores du bois , en recouvrant les parties huileuses , lui communiquent la vertu de se conserver contre l'action des flammes. Si le parquet est sur place , on arrive presque au même but , en le lavant souvent et long-temps avec de l'eau bouillante qu'on laisserait sécher sur le bois.

Graisse pour adoucir les frottements des essieux des voitures et des engrenages des machines.

Cette composition qui adoucit infiniment plus les frottements , et n'a pas besoin d'être renouvelée aussi souvent, se fait avec 80 parties de graisse sur 20 de plombagine, réduite en poudre très-fine. On met le tout dans un vase sur un feu doux ; et lorsque la graisse ou le saindoux est fondu, on remue et l'on mélange bien le tout jusqu'à ce que le refroidissement ait lieu. Cette composition est avantageuse aux rouages des machines , pistons de pompes , etc. L'économie est de sept huitièmes comparativement à celle de la graisse ou de l'huile.

Moyen propre à empêcher la moisissure du bois.

Il consiste à faire dissoudre dans l'eau de pluie, un gros de deuto-chlorure de mercure (sublimé corrosif), et à le mêler ensuite avec une livre d'eau de chaux. Après avoir agité ce mélange, on en enduit la boiserie avec un pinceau. Ce n'est qu'une quinzaine de jours après, qu'on doit habiter les appartements où l'on a passé ce mélange.

Enduit pour la conservation des bois blancs.

Ce procédé consiste à donner à toute pièce de menuiserie qui doit être exposée à l'action de l'air libre, une première couche de peinture grise et à l'huile, que l'on couvre avant qu'elle soit sèche, d'une légère couche de sablon ou grès pilé et passé au tamis ; ensuite on donne sur ce sablon une nouvelle couche de la même peinture, en ayant soin d'appuyer fortement la brosse. La surface acquiert par ce moyen une dureté telle que l'air, le soleil et l'eau ne peuvent plus altérer le bois, pendant plus de 20 années.

Pour donner au bois l'apparence de l'acajou.

On peut donner à des bois communs la couleur de l'acajou en choisissant ceux qui lui ressemblent par leur tissu et leurs veines, ainsi que par leur densité et leur exactitude à prendre un beau poli.

On commence par passer sur la surface de ces bois une eau forte ou acide nitrique, affaiblie d'une quantité d'eau assez considérable, ce qui leur fait prendre une couleur rougeâtre ; on compose ensuite une teinture en faisant dissoudre dans une bouteille d'esprit-de-vin, une once de sang de dragon et autant de carbonate de soude ; cette liqueur étant filtrée, on en applique plusieurs couches jusqu'à ce que le bois ait bien pris l'aspect de l'acajou, et on le lustre avec un peu l'huile.

Pour teindre les bois en noir.

Faites bouillir dans l'eau, pendant un quart-d'heure, du bois de Brésil, coupé en morceaux, mouillez et frottez avec cette liqueur, à trois reprises différentes, la pièce de bois, en la laissant sécher chaque fois ; mouillez ensuite et frottez avec une brosse trempée dans du vinaigre préparé ainsi qu'il suit : on met, dans deux onces de vinaigre, une once de limaille d'acier ou de fer, le tout dans une fiole que l'on place près du feu, pendant l'espace de deux heures ; on décante le vinaigre pour s'en servir au besoin.

Secret pour teindre le bois de diverses couleurs.

Dès le matin prenez la fiente de cheval de la même nuit, quoiqu'elle soit mêlée avec la paille ; mais la plus humide que vous trouverez ; placez-la dans des cribes en fil de fer ou sur des baguettes de bois croisées, de manière qu'elle puisse s'écouler dans des pots que vous placerez au-dessous. Lorsqu'elle sera écoulée, vous mettez dans chaque pot, de la grosseur d'une fève, d'alun de roche, et autant de gomme arabique. Détrempez dans chacun de ces pots telle couleur qu'il vous plaira, en ayant soin cependant d'avoir un pot pour chaque couleur ; mettez-y tremper les morceaux de bois que vous voudrez teindre en plaçant les pots au feu ou au soleil. Selon le temps que vous laisserez les morceaux de bois dans le pot, ils auront une couleur plus ou moins foncée ; de cette manière on peut leur donner toutes les teintes, et la couleur pénétrera intérieurement comme en dehors, sans que rien puisse jamais l'altérer.

Procédé pour durcir le bois blanc.

On fait acquérir au sapin, pin, mélèze etc. la dureté du chêne en leur faisant d'abord une saignée qui, laissant découler leur gomme ou résine, purge l'arbre de la surabondance intérieure de la sève, et en l'écorçant ensuite tout entier sur pied deux ou trois mois avant de l'abattre. L'action du soleil et de l'air dessèche les fibres intérieures, les réunit en faisceaux, et donne aux couches ligneuses la compacité et la dureté, qui sont les seuls principes de la solidité. Quand l'arbre est abattu et équarri, il est bon de le laisser transpirer quelques jours, avec la précaution de le soutenir sur des pièces de bois afin qu'il ne pompe point d'humidité de la terre. La dernière précaution à prendre ne consiste plus alors que dans l'évaporation de la sève intérieure, préparation qu'on doit faire subir à tous les arbres et qu'on obtient en sciant l'arbre dans toute sa longueur, par le milieu, et en retournant les deux parties, de manière que celles qui étaient au centre se trouvent alors à l'extérieur ; on assujettit ensuite les deux poutres par des liens de fer qui les réunissent ensemble.

Pour colorer les bois blancs des appartements.

On colore avec peu de frais les bois blancs dont on a boisé un appartement, si, après avoir éteint de la chaux vive dans de l'urine, on enduit le bois avec ce mélange, et on le lave ensuite avec de l'eau rouge de tanneurs. Il paraît d'abord vert, mais si on le frotte de nouveau avec de la chaux éteinte dans de l'urine, et qu'on le lave encore avec de l'eau rouge des tanneurs, il devient d'un brun superbe.

Préservatif contre l'humidité des murs neufs de plâtre.

Faites bouillir de l'huile de noix ; enduisez-en les murs nouvellement bâtis ; répétez cette opération pendant trois fois à trois jours de distance, et quand la couche d'huile précédente paraît suffisamment sèche. Ensuite faites peindre en huile de telle couleur qu'il vous plaira. Les couches d'huile bouillante s'insinuent dans les pores du plâtre et les bouchent au point que l'humidité nuisible ne trouvant point d'issue, reste concentrée dans le mur, et ne peut produire les mauvais effets que l'on redoute de son exhalaison. Cependant il ne faut pas s'exposer à habiter un tel appartement tant que l'huile n'est pas entièrement desséchée. On peut en hâter la dessication et la dissipation de son odeur incommode, en faisant brûler du foin au milieu de l'appartement.

Pour préserver les murs de l'humidité.

Les appartements humides causent de si graves maladies qu'il serait prudent de ne jamais les habiter ; cependant on peut se préserver de cette humidité, en collant contre les murailles qui en sont atteintes, des feuilles de plomb très-mince, pareilles à celles dont on double les boîtes à thé et autres objets ; on fixe ensuite ces feuilles avec des clous en cuivre, et l'on colle par-dessus du papier de teinture ordinaire.

Toit de papier.

Ce toit convient aux bâtimens isolés : on en voit beaucoup en Écosse ; il se fait de la manière suivante : Tout papier fort et épais est propre à former ces toits ; on le plonge feuille par feuille dans un mélange bouillant de trois quarts de goudron et un quart de poix , et on l'étend ensuite sur des perches pour le faire sécher et égoutter ; cette opération se répète au bout d'un jour ou deux.

Les feuilles ainsi préparées sont clouées , à la manière des ardoises , avec des clous à tête plate sur des planches de sapin de six lignes d'épaisseur, fixées sur des solives de deux pouces d'équarrissage ; ces solives sont espacées entre elles de huit pouces , et attachées sur des chevrons de six pouces en carré qui viennent s'appuyer sur les murs. Après que les feuilles de papier ont été clouées , on les enduit d'une composition de deux tiers de goudron sur un tiers de poix , épaissie en consistance de colle , à laquelle on ajoute parties égales de charbon de bois blanc ou de chaux pulvérisée. On applique cette composition encore chaude et aussi promptement que possible , parce qu'elle durcit par le refroidissement. On se sert , pour cet effet d'un torchon de chanvre. Aussitôt que cet enduit est étendu à l'épaisseur d'une ligne et demie , on répand dessus du sable , de la poussière de forge ou des cendres de forgeron , ce qui le rend moins sujet à se gercer au soleil ou à s'incendier.

Moyen de faire durer long-temps les tuiles.

Faites-les légèrement chauffer et goudronnez-les avec un mélange de chaux et de goudron.

Pour donner au plâtre l'apparence du marbre.

On fera fondre, à chaux, du savon blanc dans de l'eau de pluie ou de rivière, pour en faire une eau de savon très-légère, propre à enduire l'objet que l'on veut polir, en évitant avec soin de faire mousser cette eau. Lorsque le plâtre aura embu l'humidité, et qu'il sera bien sec, on le frottera doucement avec un linge fin ; cette manipulation donnera au savon son lustre, et la figure ou la moulure de plâtre aura toutes les apparences du plus beau marbre blanc.

Pour faire un bon plancher de plâtre.

Faites fondre dans une chaudière cinq livres de colle forte d'Angleterre, avec deux morceaux de chaux vive et une demi-livre de gomme arabique : tout étant fondu, versez-le dans un tonneau plein d'eau. Cette eau sert à gâcher le plâtre réduit en poudre et passé au tamis ; gâchez-le un peu plus épais qu'à l'ordinaire, et faites l'enduit du plancher de l'épaisseur d'un doigt.

Couleur pour les planchers de plâtre.

Délayez de la suie de cheminée ou de four dans de l'urine, et l'y laissez infuser pendant deux jours ; le plancher étant bien ratissé, versez-dessus la composition que vous étendrez avec des

torchons ou des brosses ; laissez sécher avant de
marcher dessus. Quand il sera bien sec, frottez-le
comme les planchers en bois.

Blanchissage des murs.

Sur un mur fait à chaux et à sable, bien dressé
et où le bouclier a passé, blanchissez trois fois de
suite avec le lait de chaux. Le premier blanc fort
clair, le second plus épais et le troisième encore
davantage.

Autre. Nettoyez-bien le mur, qu'il soit en plâtre ou en pierre de taille, afin qu'il n'y reste aucune saleté ; mouillez-le ensuite avec beaucoup
d'eau, afin que le blanc ne sèche que fort lente-
ment. Par ce moyen, les murs ne blanchiront ni
les mains ni les habits. Cela fait, on blanchira
avec du lait de chaux fait avec de la chaux éteinte
depuis long-temps dans une quantité d'eau suffisante : ce mélange ayant été agité a formé une
écume, que l'on a eu soin de ramasser et de garder
pour l'usage. Le dernier enduit se fait avec du lait
de chaux vive pour que le blanc en soit plus poli.

Blanchissage des murs à la colle.

Faites bouillir de l'eau bien nette, et jetez dedans le quart pesant de chaux vive, délayez-la
bien, et vous en servez. Lorsque le blanc sera sec
vous passerez par-dessus une colle composée de

16

gomme arabique , de gomme-adragant , et de ro-
gnures de parchemin à volonté ; faites bouillir le
tout dans une quantité d'eau suffisante , puis vous
passerez le mélange par un linge. Cette colle fait
tenir le blanc et lui donne beaucoup d'éclat.

Autre Prenez une livre de belle céruse , et dix
ou douze livres de plâtre passé au tamis fin ; détrempez le tout avec du savon blanc ; appliquez
ensuite votre blanc , et le polissez avant qu'il soit
sec avec la paume de la main , ou avec un tampon
de cuir rempli de laine.

Impression d'un mur de plâtre avant d'y peindre.

On y donne d'abord une couche d'impresson à
l'huile de lin bouillante avec du brun rouge ou de
l'ocre jaune , laquelle s'emboit dans le plâtre sec.
Cette seule impression pourrait suffire pour peindre
dessus ; mais il est mieux d'en donner une seconde
par-dessus la première.

Manière de peindre à l'huile simple les portes, les croisées et les volets extérieurs.

Donnez une couche de blanc de céruse broyé à
l'huile de noix ; et pour qu'il couvre mieux le bois,
détrempez-le un peu épais avec de la même huile ,
dans laquelle vous mettrez du siccatif ; donnez une
seconde couche d'un pareil blanc de céruse broyé à
l'huile de noix , ou détrempé de même ; si vous

voulez un petit gris, ajoutez y un peu de bleu de Prusse et du noir de charbon, que vous aurez aussi broyé à l'huile de noix. Si par-dessus ces deux couches, vous en voulez ajouter une troisième, broyez-la et la détrempez de même à l'huile de noix pure, en observant que les deux dernières couches soient détrempées moins claires que les premières, c'est-à-dire, qu'il y ait moins d'huile. La couleur en est plus belle et moins sujette à bouillonner à l'ardeur du soleil.

Pour peindre les portes, les croisées et les volets intérieurs.

Les portes, les croisées et les volets intérieurs sont ordinairement peints en petit gris. Il faut donner d'abord une couche de blanc de céruse broyé à l'huile de noix, et détrempé avec trois quarts d'huile de noix et un quart d'essence ; on donne ensuite deux autres couches de ce blanc de céruse broyé avec du noir, pour faire la teinte grise, à l'huile de noix, et détrempé avec de l'essence pure ; on peut y appliquer, si l'on veut, deux couches de vernis à l'esprit-de-vin.

Pour peindre les murs intérieurs.

Lorsqu'on veut peindre sur une muraille qui n'est point exposée à l'air ou sur du plâtre neuf, il faut donner une ou deux couches d'huile de lin

bouillante, en saouler la muraille ou le plâtre, de
manière qu'ils ne puissent plus en boire ; ils sont
alors en état d'en recevoir l'impression. Donnez
ensuite une couche de blanc de céruse broyé à
l'huile de noix, et détrempé avec trois quarts
d'huile de noix et un quart d'essence ; puis deux
autres couches de blanc de céruse broyé à l'huile
de noix et détrempé à l'huile coupée d'essence, si
vous ne voulez pas vernir ; et à l'essence pure si
vous voulez vernir : c'est ainsi que l'on peint ordinairement les murailles en blanc. Si l'on choisit une
autre couleur, il faut la broyer et la détremper
dans la même quantité d'huile ou d'essence.

Pour peindre les murailles extérieures.

Il faut que la muraille soit bien sèche : cela
supposé, donnez une ou deux couches d'huile de
lin bouillante, pour durcir les plâtres ; vous les
dessécherez en y ajoutant, selon ce que vous voudrez y peindre, deux ou trois couches de céruse
ou d'ocre broyé un peu ferme, et détrempé avec
l'huile de lin ; quand elles seront sèches, alors
vous pourrez peindre sur la muraille.

Pour peindre les chambranles, pierres ou plâtres intérieurs.

Imprimez une couche de blanc de céruse broyé à
l'huile de noix, et détrempée avec de la même

huile, dans laquelle on met un peu de litharge pour la faire sécher ; appliquez-y ensuite une première couche de la teinte choisie, broyée à l'huile et détrempée à un quart d'huile et trois quarts d'essence ; donnez encore deux autres couches de cette même teinte broyée à l'huile et détrempée à l'essence pure : on peut vernir de deux couches à l'esprit-de-vin.

Couleur pour les rampes d'escaliers et pour les grilles intérieures.

Détrempez du noir de fumée avec du vernis au vermillon ; donnez-en deux couches qui sécheront promptement ; donnez après cela deux autres couches du vernis noir pour les ferrures.

Couleurs pour les balcons et les grilles de fer extérieurs.

Broyez du noir de fumée d'Allemagne avec de l'huile de lin, et le détrempez avec trois-quarts d'huile de lin et un quart d'huile grasse ; vous pourrez y mêler de la terre d'ombre pour lui donner du corps, mais en très-petite quantité ; on donnera autant de couches qu'on le jugera à propos.

Couleur pour les treillages et les berceaux.

Donnez une couche d'impression de blanc de céruse broyé à l'huile de noix, et détrempé dans

la même huile, dans laquelle vous mettrez un peu
de litharge ; donnez ensuite deux couches de vert
pour les treillages, broyé et détrempé à l'huile
de noix. On fait un grand usage à la campagne de
ce vert en huile, pour peindre les portes, les
contrevents, les treillages, les bancs de jardins,
les grilles de fer et de bois, enfin tous les ouvrages en bois et en fer qui doivent être exposés aux
injures de l'air.

Pour faire un beau blanc.

Prenez parties égales de chaux éteinte depuis
long-temps et de poudre de marbre blanc ; mêlez
bien le tout, et le délayez avec de l'huile ou de
l'eau.

PRÉPARATION DES COULEURS DONT ON EMBELLIT LES APPARTEMENTS.

Composition de l'huile grasse.

Ayez un pot de verre vernissé qui soit neuf ;
mettez-y la moitié de ce qu'il pourra contenir
d'huile de noix, et à son défaut, d'huile de pavot :
si le pot tient quatre litres, vous n'y mettrez que
deux litres d'huile ; prenez six onces de litharge,
deux onces de blanc de plomb en écailles, broyé
à sec sur le marbre, et réduit en poudre très-
fine, et une once et demie de vermillon ; mettez
le tout dans un linge, dont vous ferez un nouet,

que vous suspendrez dans votre huile , en l'atta-
chant avec une ficelle qui tiendra à un petit bâton
mis en travers sur le pot ; alors vous jetterez un
bon verre d'eau dans le pot , sur l'huile ; après
quoi vous placerez le pot sur des cendres chaudes ,
ou sur de la petite braise , pour faire cuire la
composition tout doucement , pendant vingt-quatre heures. Pour connaître si l'huile est assez
cuite, on en prend avec un pinceau que l'on passe
sur une vitre , et si elle sèche aussitôt , c'est une
marque infaillible qu'elle a le degré de cuisson
convenable. On ôte pour lors le pot de dessus le
feu ; on retire le nouet que l'on jette , parce qu'il
ne peut plus servir , et on laisse refroidir et reposer l'huile au moins vingt-quatre heures ; après
quoi on la tirera au clair pour la mettre en bou-
teilles : on ne jette point les parties épaisses qui
se trouvent au fond du pot , et l'on s'en sert dans
les couleurs grossières.

Préparation du blanc.

Broyez à l'huile grasse, de la céruse, dans laquelle vous mettrez une pointe de bleu , pour soutenir le blanc, que le temps fait toujours jaunir
lorsqu'il est seul.

Premier vert.

Sur deux livres de céruse, mettez une livre de

vert-de-gris simple. Cette couleur s'applique ordinairement sur une impression blanche ; mais elle
réussira mieux si l'impression ou le fond poli est
d'un gris fort clair.

Second vert. Prenez du vert de montagne , dans
lequel vous ne mettrez de céruse qu'autant qu'il
conviendra pour le faire clair ou foncé, selon votre
goût ; broyez ensuite l'un et l'autre à l'huile grasse.
L'impression sera en gris clair.

Troisième vert. Employez, pour ce vert qui sera
plus beau que les autres , du vert-de-gris calciné ,
que vous détremperez avec la céruse. Broyez cette
couleur avec la térébenthine , comme à l'huile
grasse ; mais lorsqu'on l'emploi au vernis, il faut
que la céruse soit préparée à la térébenthine ;
l'impression sera toujours d'un gris clair.

Pour le gris de lin.

Broyez séparément de la laque , du bleu de
Prusse et du blanc de céruse ; après quoi vous
ferez, avec ces trois couleurs, un gris de lin tel
qu'il vous plaira : l'impression sera toujours en
gris clair.

Pour le bleu.

Cette couleur se fait avec le bleu de Prusse , et
plus ou moins de céruse, suivant la nuance que
l'on veut donner au bleu. La céruse broyée à la

térébenthine et employée avec le vernis, sera beaucoup plus belle. On se souviendra que toutes les couleurs doivent être broyées séparément ; et que ce n'est qu'après avoir été préparées ainsi, qu'on les mêle pour faire la teinte : l'impression sera en gris.

Pour la couleur du bois de chêne.

L'ocre de rue et la terre d'ombre, forment cette couleur, qui sera plus claire ou plus foncée, suivant que l'ocre dominera plus ou moins ; on broyera à l'huile grasse.

Couleur du bois de noyer.

Prenez du blanc de céruse, de l'ocre de rue et une pointe de noir, et broyez le tout à l'huile grasse.

Couleur de marron.

Le rouge d'Angleterre et le noir d'ivoire font le marron foncé ; il sera plus clair, si l'on met du jaune à la place du noir; et plus clair encore si l'on se sert d'ocre de Berri ; broyez à l'huile grasse.

Pour le jaune.

Cette couleur se fait avec de l'ocre de Berri, que l'on dégrade autant que l'on veut avec du blanc de céruse : il faut la broyer à l'huile grasse, et employer la térébenthine.

Couleur jonquille.

On prend de l'orpin, que l'on mêle avec de la céruse. Il y a trois sortes d'orpin, dont les nuances sont différentes, ainsi l'on peut choisir ; mais il faut observer que l'orpin ne se broye qu'avec la térébenthine, pour être employé au vernis, autrement il aurait trop de peine à sécher ; et que toute couleur broyée à la térébenthine, veut être employée sur-le-champ. C'est une règle sans exception, sur laquelle on doit prendre ses mesures, pour ne préparer de couleur, que ce dont on peut faire usage le jour même.

Rouge imitant celui de la chine.

On le fait tempérant le rouge d'Angleterre avec du vermillon. En fait de teintes, il est impossible, dans leur composition, de déterminer la quantité précise des couleurs qui y entrent ; leur perfection dépend du goût et de l'œil de l'artiste.

Manière de détremper à l'eau les couleurs pesantes.

Les couleurs pesantes sont le blanc de plomb, le vermillon, la cendre bleue, les laques, le bleu d'émail, etc. et généralement les terres et autres matières tirées des minéraux.

Vous ferez fondre de la gomme arabique la plus

blanche, en la pulvérisant et en la mettant dans
de l'eau bien claire, en telle quantité qu'il en ré-
sultera une liqueur visqueuse, et qui file comme
de l'huile d'olive. Vous mettrez votre couleur en
poudre dans une coquille, ou dans un de ces
petits pots de faïence qui sont tout plats, et qu'on
nomme communément *pots à pommade* : vous
ferez couler dessus un peu de votre eau gommée,
et vous remuerez le tout avec un petit pinceau,
pour en faire une pâte qui ne soit pas fort épaisse ;
vous finirez par la rendre plus coulante, en y
ajoutant de l'eau non-gommée. Comme ces couleurs sont trop pesantes elles tombent en peu de
temps au fond du vase ; il faut les remuer avec
le pinceau, chaque fois qu'on l'y trempe, pour
continuer de peindre ; quand on a reconnu, par
l'usage, que la couleur est assez gommée, il ne
faut plus la mouiller qu'avec quelques gouttes d'eau
pure, lorsqu'on s'aperçoit qu'elle est desséchée ou
épaissie.

Manière de détremper à l'eau les couleurs légères.

Les couleurs légères, telles que le carmin, le
tournesol, le vert de vessie, et assez généralement toutes celles qui sont tirées du règne végétal,
s'étendent avec un peu d'eau pure, ou légèrement
gommée, dans une coquille ou dans un petit pot

de faïence. Pour les enluminures , il faut que l'eau soit peu chargée de couleur. Vous en ferez toujours un essai sur un morceau de papier blanc , par quelques coups de pinceau , avant d'en faire usage sur la pièce que vous voulez enluminer.

Couleur d'ardoise pour les tuiles.

Broyez du blanc de céruse à l'huile de lin ; broyez aussi du noir d'Allemagne à l'huile de lin ; mêlez ces deux couleurs ensemble , afin qu'elles fassent un gris d'ardoise, et détrempez-les à l'huile de lin ; donnez d'abord une première couche fort claire pour abreuver les tuiles ; vous en donnerez ensuite trois autres que vous teindrez plus fermes, car il en faut au moins quatre pour plus grande solidité.

Blanchissage de statues , vases , etc.

Pour blanchir des vases ou figures , on en rafraîchit le blanc , il faut d'abord bien nettoyer le sujet ; donner ensuite une ou deux couches de blanc de céruse broyé à l'huile d'œillet pure , et détrempé à la même huile ; puis une ou plusieurs couches de blanc de plomb broyé à l'huile d'œillet et employé à la même huile.

Couleur d'acier pour les ferrures.

Broyez du blanc de céruse, du bleu de Prusse,

de la laque fine et du vert-de-gris cristallisé, chacun séparément à l'essence : plus ou moins de chacune de ces couleurs mêlées avec le blanc, donne le ton de la couleur d'acier que l'on désire. Quand le ton de la couleur est fait, prenez-en gros comme une noix, que vous détremperez dans un petit pot avec un quart d'essence et trois quarts de vernis gras blanc ; nettoyez bien les ferrures, et les peignez avec cette couleur, laissant la distance de deux ou trois heures entre chaque couche ; cette opération faite, mettez-y une couche de vernis gras pur.

Autre. On prend du blanc de céruse, du noir de charbon et du bleu de Prusse que l'on broye à l'huile grasse, et que l'on emploie à l'essence. Cette préparation est moins coûteuse que la précédente, mais aussi elle n'est pas si belle.

Vernis blanc pour les appartements.

On met dans une pinte d'esprit-de-vin une demi-livre de sandaraque, que l'on y fait dissoudre ; on y incorpore ensuite six onces de térébenthine de Venise ; s'il donne de l'odeur, on pourra se servir du vernis pour les découpures.

Vernis pour les boiseries, bois de chêne, chaises de cannes, fers, grilles et rampes intérieures.

Dans une pinte d'esprit-de-vin, mettez une

demi-livre de sandaraque, deux onces de gomme-
laque plate, quatre onces d'arcanson ou colophane ; quand les gommes sont bien fondues, on
incorpore six onces de térébenthine de Venise ;
lorsqu'on veut vernir les meubles en rouge, on y
met plus de gomme-laque, moins de sandaraque,
et on y ajoute du sang de dragon. Deux couches
de ce vernis tiennent lieu de quatre à cinq d'une
autre.

Vernis noir pour les ferrures.

On fait fondre séparément du bitume de Judée
de l'arcanson et du karabé. et on les mêle quand
ils sont fondus ; ensuite on y incorpore de l'huile
grasse, et quand les matières sont encore chaudes,
on y ajoute de l'essence.

Vernis d'Alexis Piémontais.

Prenez du benjoin réduit en poudre subtile ;
versez dessus de l'eau bouillante à la hauteur de
trois ou quatre doigts. Ce vernis donne un beau
lustre, et sèche promptement. Si on le veut de
couleur d'or, on y ajoute un peu de safran.

Vernis pour les planchers et les murailles.

Faites fondre deux livres de colophane ; retirez-
la du feu, et y mettez peu à peu demi-livre de
térébenthine claire, en remuant toujours ; faites

bouillir pendant une demi-heure quatre livre d'huile de noix ; et mêlez le tout ensemble étant chaud, et loin du feu, de peur qu'il n'y prenne : tout étant bien mêlé et presque froid, on le met dans un pot de grès qu'il faut bien boucher.

Vernis pour les palissades et autres ouvrages grossiers.

Broyez une certaine quantité de goudron avec autant de brun d'Espagne qu'il en faut pour lui donner de la consistance sans le rendre trop épais, et le coucher promptement sur la palissade sans lui donner le temps de s'endurcir. On applique ce vernis avec une grosse brosse. Il faut avoir soin de le garantir de la poussière et des insectes jusqu'à ce qu'il soit entièrement sec. Il a beaucoup d'éclat lorsque le bois est bien poli, et il a la propriété de le garantir de l'humidité. Ce vernis vaut infiniment mieux que la peinture dont on se sert. On peut lui donner une couleur grisâtre, en mêlant un peu de céruse ou de noir d'ivoire avec le brun d'Espagne.

Mastic pour les pierres.

Faites fondre deux parties de résine dont vous enlèverez l'écume ; joignez-y quatre parties de cire jaune ; le tout étant bien fondu, prenez deux ou trois parties de poudre des mêmes pierres que vous voudrez mastiquer, ou mettez-en autant qu'il en faudra pour donner au mastic la couleur de ces mêmes pierres ; joignez-y une partie de soufre en poudre ; incorporez toutes ces matières, d'abord sur un feu doux, puis en les pétrissant dans de l'eau chaude. Il faut que les pierres que l'on veut mastiquer soient sèches et échauffées, afin que le mastic les puisse bien lier.

Excellent mastic propre à couvrir les terrasses, revêtir les bassins, souder les pierres et empêcher l'infiltration de l'eau.

Prenez quatre vingt-treize parties de brique ou d'argile bien cuite, et sept parties de litharge, mettez-les en poudre et mêlez-les ensemble. Ajoutez ensuite la quantité suffisante d'huile de lin, pour leur donner la consistance du plâtre gaché. On peut s'en servir de suite, mais il faut avoir la précaution de mouiller avec une éponge imbibée d'eau, l'objet que l'on veut couvrir de ce mastic ; il aura acquis dans moins de quatre ou cinq jours une grande dureté.

Mastic de rouille pour les terrasses et les conduits souterrains.

Lorsque le carreau est fort dur, on peut en fermer avantageusement les joints avec de la limaille de fer non rouillée que l'on fait rougir pour détraire et brûler la poussière qu'elle pourrait contenir ; on verse du vinaigre sur la limaille un peu chaude, et on en forme un mortier que l'on introduit dans les joints des carreaux ou des dalles.

Mastic résineux pour le même objet.

.On fait fondre dans une chaudière de fer deux parties de résine, une demi-partie de graisse et une partie de poix noire ; on y ajoute une quantité suffisante de ciment sec et tamisé, pour donner à ce mélange une consistance de mastic. Si on l'emploie dans des lieux humides, on le rend plus gras en ajoutant plus de graisse ; il devient plus sec lorsque la résine est en plus grande quantité.

Mastic gras pour le même objet.

On fait éteindre à l'air et dans un lieu couvert, des pierres à chaux calcinées ; lorsqu'elles sont réduites en poudre, on mêle cette poudre avec du ciment très-fin et passé au tamis ; on y ajoute une certaine quantité d'huile de noix ou de lin, ou quelqu'autre espèce d'huile dessicative ; on mêle et on agite fortement ce mélange pour en composer le mastic. On l'emploie dans un temps sec et chaud ; on l'applique avec une lame de couteau dans les joints des pierres que l'on a eu soin auparavant de frotter avec de l'huile, pour que le mastic adhère fortement.

17

Mastic pour réunir les tuyaux de grès et coller les pièces de verres enchassées dans le bois.

On prépare ce mastic en mêlant de la poudre de brique avec de la poix-résine et de la cire. Ce mastic s'emploie chaud. Lorsque l'on veut enchasser des pièces de verre dans du bois, il faut avoir soin de faire chauffer le verre doucement, et lui communiquer assez de chaleur pour qu'il ne se casse point lorsqu'on le plonge dans le mastic chaud et fondu.

Mastic pour le bois.

Lorsque l'on veut empêcher un vaisseau de bois ou un tonneau de perdre la liqueur qu'il contient, les planches étant ouvertes ou le bois fêlé, il faut boucher les ouvertures avec un mastic, composé de cendres fines passées au tamis et de suif mêlés et incorporés au feu. Ce mastic doit être employé chaud, car il se durcit ; et ne peut plus alors se détacher du vaisseau dans lequel on l'a fait chauffer : on ne doit pas craindre qu'il manque ; on observera de ne le point faire trop épais, parce qu'on aurait de la peine à le bien employer, et de n'en préparer que la quantité dont on a besoin. Ce mastic simple et facile qui durcit promptement et s'incorpore avec le bois, pourrait servir encore pour les moules et les bateaux.

Manière de lustrer les poêles, plaques de cheminée et autres ustensiles en fonte.

Nettoyez les plaques avec une forte brosse ; enlevez la rouille et la poussière en frottant avec de la pierre ponce ou du sable siliceux. Pilez environ un quarteron de mine de plomb, lorsqu'elle est en poudre, mettez-la dans un pot avec un demi-litre de vinaigre, frottez-en les plaques avec la brosse, et quand elles sont suffisamment sèches, frottez-les avec une brosse jusqu'à ce qu'elles deviennent luisantes comme une glace.

Nettoyage des bronzes dorés et argentés.

Trempez dans l'eau bouillante la pièce tachée de cire ou de suif, jusqu'à ce que le suif ou la cire soit fondue ; ensuite frottez l'endroit de la tache avec une brosse empreinte de blanc d'Espagne délayé dans de l'eau : enfin, avec une autre brosse, enlevez le blanc d'Espagne.

Secret pour amollir le fer ou l'acier.

Si vous voulez rendre le fer ou l'acier aussi mou que le cuivre, prenez autant de chaux vive que d'alun, le tout pilé finement ; mêlez bien et étendez ce mélange de l'épaisseur d'un pouce sur un linge, enveloppez votre instrument de ce linge ; placez-le ensuite pendant une heure sur un feu

peu ardent , et ne le retirez que lorsque le feu sera
éteint et l'instrument entièrement refroidi. Vous
le trouverez alors aussi doux que le cuivre.

Moyen d'empêcher l'acier de se rouiller.

Pour prévenir la rouille sur les objets d'acier
poli , les couteliers anglais les frottent avec de la
chaux vive en poudre , ou ils les trempent dans
l'eau de chaux avant d'en faire l'expédition.

Bonne trempe pour les armes.

Pilez ensemble quantité égale de tithymale , de
racines de raifort sauvage , de brioine et pourpier ;
tirez en au moins une livre d'eau ; joignez-y une
livre d'urine, un gros de salpêtre, de sel de soude,
de sel gemme et de sel ammoniac : mettez le tout
dans un vase de verre bien bouché , que vous
laisserez enterré pendant vingt jours dans une
cave ; l'ayant retiré , mettez-le dans une cornue , et
distillez-le dans un vase , par un feu graduel ; et
quand on veut tremper une arme , on l'éteint dans
cette liqueur.

Trempe pour l'acier.

On donne à l'acier la trempe que l'on veut ;
c'est-à-dire on le trempe au degré de dureté qu'on
veut lui donner. Pour obtenir la grande dureté ,
il faut le refroidir plus brusquement , et lui faire

parcourir un plus grand nombre de degrés de température ; c'est-à-dire le faire chauffer à une très-grande température, et le tremper dans une substance très-froide.

Autre. Distillez des vers de terre ; mêlez autant de l'un que de l'autre, de l'eau qui sortira de l'alambic et du suc de raifort, éteignez l'acier bien embrasé dans ce mélange pendant cinq fois ; et vous aurez un acier d'une excellente trempe pour les instruments tranchants.

Trempe de Damas.

La trempe de Damas, si renommée, se fait, dit-on, à l'air, et l'on profite du moment où le vent souffle du nord. Deux murailles élevées, ouvertes au nord, vont en convergeant et se réunissant en faisant un angle aigu terminé par une ouverture, devant laquelle on place la pièce rouge ; on lève alors une soupape, et le vent engagé dans cette sorte d'entonnoir, sort avec vélocité par la soupape, et donne cette trempe connue partout comme admirable pour les armes tranchantes.

Manière de distinguer l'acier du fer.

Si l'on porte avec un petit morceau de bois une goutte d'acide nitrique (eau forte) sur une lame de fer poli, et qu'après l'y avoir laissée deux minutes, on y verse de l'eau ordinaire, qui, emportant l'acide, ne laisse apercevoir qu'une tache blanche ou de couleur de fer poli sur la lame, la lame est du fer poli. Si la tache reste noire, l'expérience a été faite sur de l'acier.

Manière de souder l'acier, le fer et la tôle.

On fait fondre, dans un vase de terre, du borax, on y ajoute du sel ammoniac dans la proportion d'un dixième. Lorsque ces ingrédients sont suffisamment fondus et mélangés, on les verse sur une plaque de fer poli et on les laisse refroidir. On obtient ainsi une matière nitreuse, à laquelle on ajoute une quantité égale de chaux vive.

Le fer et l'acier qu'on veut souder sont d'abord chauffés au rouge ; puis on répand dessus la composition, préalablement réduite en poudre. Cette composition se fond et coule comme de la cire à cacheter ; après quoi on remet les pièces au feu, en ayant soin de les faire chauffer à une température bien au-dessus de celle qu'on employe ordinairement pour souder ; enfin on les retire, et on les frappe à coups de marteau. Les surfaces se trouveront ainsi parfaitement et jointes ensemble.

Ce procédé peut être appliqué à la soudure des tuyaux de tôles.

Moyen de sceller le fer.

Il est une manière économique de sceller le fer

dans la pierre. Elle consiste à faire un trou dans la pierre, d'y poser la barre, d'y couler du soufre fondu dans une cuiller, et lorsque le trou est plein, d'y jeter une poignée du sable, de terre ou de cendres pour l'éteindre : deux à trois minutes après, la barre est prise de façon qu'il faudrait casser la pierre pour en retirer le fer.

Fonte expéditive du fer.

Faites chauffer à blanc une barre de fer, et présentez-lui ensuite une bille de soufre ; le fer se mettra aussitôt en fusion et coulera goutte à goutte, que l'on fait tomber dans un vase plein d'eau. Ces gouttes de fer s'arrondissent en tombant et forment les grains dont on se sert à la chasse.

Manière de convertir le fer en acier.

Il y a plusieurs moyens de convertir le fer en acier, et tous ces moyens quand on les examine, concourent au même but. Le plus usité est la cémentation. Voici comment elle se pratique. On prend du fer forgé ; le meilleur fait toujours le meilleur acier ; le fer le plus malléable à chaud et à froid est le meilleur. On met les barres de fer avec des cendres, de la poudre de charbon, de l'urine, des matières animales, de la chaux, de la suie, etc. dans un creuset de fer bien couvert et exactement luté avec de l'argile ; on expose le tout à un feu capable de l'embraser sans le fondre : au bout de quelques heures, tout ce fer est couvert d'une ligne d'acier. Plus on le tient exposé au feu, plus la couche devient épaisse. Lorsqu'on juge que le paquet est resté assez long-temps, c'est-à-dire, huit ou dix heures, on le jette dans de l'eau froide pour le tremper. C'est la méthode qu'emploient les serruriers, les couteliers, etc.

On fait aussi de l'acier en exposant au contact de la flamme des barres de fer enduites d'une houe végétale ; on peut en faire aussi en exposant du fer dans un creuset sans aucune addition, et même en plongeant une barre de fer battu dans une masse de fer en fusion. On la trouve convertie en acier pourvu qu'on la retire avant que le fer fondu ne commence à se refroidir.

Procédé pour donner aux outils de fonte la qualité de l'acier.

Il consiste à stratifier les objets en fonte dans des vaisseaux cylindriques de métal avec de l'oxide de fer pulvérisé, soit natif, soit artificiel, ou bien avec du sable contenant le même oxide. Les vases sont posés debout dans un fourneau approprié à cet usage et soumis à une chaleur uniforme.

La fonte de fer est d'abord cassante, ce qui est dû au carbone qu'elle contient ; mais la forte chaleur à laquelle elle est exposée, aidée par l'oxide pulvérisé, l'en sépare promptement ; l'oxygène de l'oxide de fer s'empare du carbone qui s'échappe, soit à l'état oxide de carbone, soit à celui de gax acide carbonique. Par ce moyen très-simple les outils de fonte acquièrent les qualités de l'acier fondu.

Les clous fabriqués de la sorte se tordent comme ceux de fer forgé, sans se rompre, et les outils sont susceptibles d'être soudés.

Vernis pour préserver le fer de la rouille.

On réduit en poudre impalpable une once de plombagine ou d'anthracite, à laquelle on mêle quatre onces de plomb sulfate, et une once de zinc sulfaté, et on y ajoute peu à peu une livre de vernis préparé à l'huile de lin qu'on a fait préalablement chauffer jusqu'au point de l'ébullition. Ce vernis sèche promptement, et garantit parfaitement de l'oxidation les métaux sur lesquels il est appliqué. On l'a employé avec succès pour enduire les paratonnerres ; et il peut servir également pour les toits couverts en plomb, en fer, en cuivre ou en zinc, qui sont constamment exposés à l'action de l'humidité et des vapeurs acides.

Un moyen aussi simple qu'avantageux de préserver le fer de la rouille, c'est de chauffer ce métal

au rouge, et de le frotter en cet état avec la cire.
On remarque après le refroidissement que tous les
pores du fer sont entièrement remplis et que cette
espèce d'enduit est très-homogène ; mais comme ce
n'est applicable qu'aux pièces de petite dimension,
il faut avoir recours pour les grandes au vernis
dont nous venons de donner la composition, et
qu'on peut employer à froid en tout et pour toute
espèce de métaux.

Cire rouge.

Prenez de gomme-laque, demi-once ; térébenthine, deux gros ; colophane, deux gros ; cinabre,
un gros ; minium, un gros. Faites fondre sur un
feu doux dans un vaisseau bien net, la gomme-
laque et la colophane : ajoutez alors la térébenthine, puis le cinabre et minium peu à peu ; tritu-
rez le tout avec soin et le mettez en bâtons, soit en
le roulant sur une plaque de métal médiocrement
chaude, soit en le versant dans des moules.

On rendra les bâtons de cire lusians, en les exposant à un feu modéré sur un réchaud.

Amidon de pommes de-terre.

Pour obtenir cet amidon, on prend les pommes-
de-terre bien lavées et crues, qu'on réduit en pâte
au moyen d'une râpe. On lave cette pâte dans une
grande quantité d'eau, qu'on agite fortement. On

verse le mélange sur un tapis de crin, placé au dessus d'un vase destiné à recevoir l'eau. On laisse reposer cette eau, et l'amidon se précipite au fond. On délaiera de nouveau, et plusieurs fois de suite, jusqu'à ce que l'eau de lavage sorte absolument sans couleur ; décantez par inclinaison, laissez sécher l'amidon et conservez-le pour l'usage.

Moyen de détruire les vers dans les jardins.

On arrose les planches, dit un auteur anglais, avec une forte décoction de feuilles de noyer ; ces animaux sortent sur-le-champ de terre en foule ; il est facile de les ramasser pour les donner à la volaille ou les jeter dans les viviers.

Nouveau moyen facile pour se préserver des Mouches et Moucherons dans les appartements.

Prenez :

1/2 livre de colophane qu'il faut faire fondre dans un vase vernissé, sur un feu doux sans flammes ; après quoi on y ajoutera :

6 cuillerées d'huile d'olive, de la meilleure.

4   —   de sucre pilé.

L'on mélangera le tout, et l'on en vernissera de petites baguettes que l'on exposera aux fenêtres ou dans les places les plus fréquentées par ces insectes, et les mouches et moucherons s'y attacheront de suite.

Pour empêcher les mouches de se jeter sur les chevaux ou autres animaux.

Prenez :

1 litre vinaigre blanc.
2 onces de rhue.
2 onces coloquinte.
1 once aloès épathique.
1 once de gomme alibanum.

Le tout mis en poudre, faites bouillir avec le vinaigre ci-dessus pendant une demi-heure. On passera au clair à travers un linge, et à l'aide d'une éponge qu'on humectera dans ce liquide, on frottera le poil des animaux où les mouches se portent plus fréquemment, ce qui empêchera les mouches de s'y placer.

Recette pour détruire les taupes dans les champs, prairies et jardins.

Prenez deux ou trois douzaines de noix sèches bien saines, que vous ferez bouillir pendant trois heures dans un chaudron avec quatre pintes de lessive naturelle ; mettez une de ces noix, que vous ouvrirez en deux, dans chaque taupière nouvellement faite, et si la taupe ne travaille plus dans le même endroit, cessez d'en mettre, parce qu'alors vous pouvez être assuré qu'elle a péri.

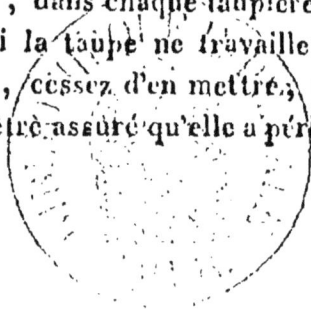

TABLE
DE L'ÉCONOMIE RURALE.

Nouveau procédé pour la propagation des arbres. 5
Moyen de hâter l'accroissement des arbres. 6
Préparation pour garantir les plaies des arbres et pour
  couvrir la coupe des branches nouvellement greffées *ibid.*
Moyen pour faire rapporter des fruits aux vieux arbres. 7
Manière de faire reproduire de nouveau bois aux branches
  nues des arbres fruitiers. *ibid.*
Procédé pour préserver les fleurs des arbres de la gelée
  d'avril et mai. 8
Moyen infaillible d'écarter le gibier des arbres. *ibid.*
Moyen d'avoir des cerises sans noyau. 9
Nouveau procédé pour multiplier les oliviers. *ibid.*
Nouvelle manière de multiplier les arbres par les racines. 10
Orangers, citronniers, lauriers, grenadiers, etc. *ibid.*
Momie pour les orangers, etc. 12
Arbres fruitiers. 13
Momie des arbres fruitiers et forestiers. 14
Bois et forêts. 16
Greffe de la vigne. 17
Mastic pour conserver les greffes en fente, en écusson, etc. 18
Cire pour la greffe. 19
Moyen de préserver les arbres des chenilles. *ibid.*
Manière de détruire les chenilles. 20
Moyen d'éloigner les fourmis et les chenilles des arbres. *ibid.*
Moyen de chasser les chenilles d'un jardin. 21
Destruction des fourmis. *ibid.*
Destruction des charançons. *ibid.*
Destruction des hannetons. *ibid.*
Destruction des vers blancs. 22
Destruction des guêpes. *ibid.*
Destruction des mulots. *ibid.*
Destruction des vers et des insectes qui rongent les
  végétaux. 23
Destruction des taupes. *ibid.*
Destruction des insectes enfermés dans les légumes secs. 24
Pour garantir les semences des ravages des insectes et
  des oiseaux, etc. *ibid.*
Manière de prendre les grillons. *ibid.*
Manière de détruire les chardons, la fougère et le pas
  d'âne. 25

Moyen de conserver long-temps le blé. 25
Moyen d'augmenter le produit du blé. *ibid.*
Moyen d'empêcher la fermentation du blé. 26
Moyen d'empêcher la germination du blé. 27
Moyen de préserver le blé du charbon. 28
Conservation des choux-fleurs pendant l'hiver. *ibid.*
Manière de faire sécher les pois et les fèves pendant l'hiver.
Conservation du fourrage. 29
Emploi du chiendent pour les chevaux. *ibid.*
Désinfection des salles de vers-à-soie. *ibid.*
Pour retarder la germination des pommes-de-terre. 30
Pour obtenir des primeurs des pommes-de-terre. *ibid.*
Pour obtenir des petits pois de bonne heure. 31
Cire extraite des fleurs de peupliers. 32
Emploi du charbon pour désinfecter les étangs et les mares. *ibid.*
Fabrication des fromages de pommes-de-terre. 33
Pour arrêter les essaims quand ils quittent leurs ruches. 34
Moyens de se familiariser avec les abeilles. 35
Assainissement des abreuvoirs. 36
Maladie des oiseaux de basse-cour. 37
Manière de rendre le chanvre semblable au lin. *ibid.*
Signes qui peuvent diriger dans la recherche des sources d'eau. 38
Sucre de betteraves. *ibid.*
Pour avoir des roses de diverses couleurs. 40
Etamage de cuivre. 41
Baromètre vivant. *ibid.*
Equerre juste et à peu de frais. 42
Moyen simple de pratiquer dans un tronc d'arbre un tuyau d'une grosseur indéterminée avec le secours d'une seule tarière. 43
Pour repasser les instruments tranchans. *ibid.*
Moyens de rendre les maisons incombustibles. *ibid.*
Pour rendre le bois incombustible. 44
Graisse pour adoucir les frottemens des essieux des voitures et des engrainages des machines. *ibid.*
Moyen propre à empêcher la moisissure du bois. 45
Enduit pour la conservation des bois blancs. *ibid.*
Pour donner au bois l'apparence de l'acajou. 46
Pour teindre le bois noir. *ibid.*
Secret pour teindre le bois de diverses couleurs. 47
Procédé pour durcir le bois blanc. *ibid.*
Pour colorer les bois blancs des appartements. 48
Préservatifs contre l'humidité des murs neufs de plâtre. 49 *ibid.*

Pour préserver les murs neufs de l'humidité. 50

Toit de papier. *ibid.*

Moyen de faire durer long-temps les tuiles. 51

Pour donner au plâtre l'apparence du marbre. 52

Pour faire un bon plancher de plâtre. *ibid.*

Couleur pour les planchers de plâtre. *ibid.*

Blanchissage des murs. 53

Blanchissage des murs à la colle. *ibid.*

Impression d'un mur de plâtre avant d'y peindre. 54

Manière de peindre à l'huile simple les portes, les croisées et les volets extérieurs. *ibid.*

Pour peindre les portes, les croisées et les volets inté-rieurs. 55

Pour peindre les murs intérieurs. *ibid.*

Pour peindre les murailles extérieures. 56

Pour peindre les chambranles, pierres ou plâtres inté-rieurs. *ibid.*

Couleur pour les rampes et les grilles intérieures. 57

Couleur pour les balcons et les grilles extérieures. *ibid.*

Couleur pour les treillages et les berceaux. *ibid.*

Pour faire un beau blanc. 58

Préparation des couleurs dont on embellit les appartemens. *ib.*

Composition de l'huile grasse. *ibid.*

Préparation du blanc. 59

Premier, second et troisième vert. *ibid.*

Pour le gris de lin. 60

Pour le bleu. *ibid.*

Pour la couleur du bois de chêne. 61

Couleur de bois de noyer. *ibid.*

Couleur de marron. *ibid.*

Pour le jaune. *ibid.*

Couleur jonquille. 62

Rouge imitant celui de Chine. *ibid.*

Manière de détremper à l'eau les couleurs pesantes. *ibid.*

Manière de détremper à l'eau les couleurs légères. *ibid.*

Couleur d'ardoise pour les tuiles. 64

Blanchissage des statues, etc. *ibid.*

Couleur d'acier pour les fourrures. *ibid.*

Vernis blanc pour les appartements. 65

Vernis pour les boiseries, bois de chêne, chaises de cannes, fers, grilles et rampes intérieures. *ibid.*

Vernis noir pour les ferrures. 66

Vernis d'Alexis Piémontais. *ibid.*

Vernis pour les planchers et les murailles. *ibid.*

Vernis pour les palissades et autres ouvrages grossiers. 67

Mastics pour les pierres. *ibid.*

Excellent mastic propre à couvrir les terrasses, revêtir les bassins, souder les pierres et empêcher l'infiltration de l'eau. 68

Mastic de rouille pour les terrasses et les conduits souterrains. *ibid.*

Mastic résineux pour le même objet. 69

Mastic gras pour le même objet. *ibid.*

Mastic pour réunir les tuyaux de grès et coller les pièces de verre enchassées dans le bois. 70

Mastic pour le bois. *ibid.*

Manière de lustrer les poëles, plaques de cheminée et autres ustensiles en fonte. 71

Nettoyage des bronzes dorés et argentés. *ibid.*

Secret pour amollir le fer ou l'acier. *ibid.*

Moyen d'empêcher l'acier de se rouiller. 72

Bonne trempe pour les armes. *ibid.*

Diverses trempes pour l'acier. *ibid.*

Trempe de Damas. 73

Manière de distinguer l'acier du fer. *ibid.*

Manière de souder l'acier, le fer et la tôle. 74

Moyen de sceller le fer. *ibid.*

Fonte expéditive du fer. 75

Manière de convertir le fer en acier. *ibid.*

Procédé pour donner aux outils de fonte la qualité de l'acier. 76

Vernis pour préserver le fer de la rouille. 77

Cire rouge. 78

Amidon de pommes-de-terre. *ibid.*

Moyen de détruire les vers dans les jardins. 79

Nouveau moyen facile pour se préserver des mouches et moucherons dans les appartements. *ibid.*

Pour empêcher les mouches de se jeter sur les chevaux ou autres animaux. 80

Recette pour détruire les taupes dans les champs, prairies et jardins. *ibid.*

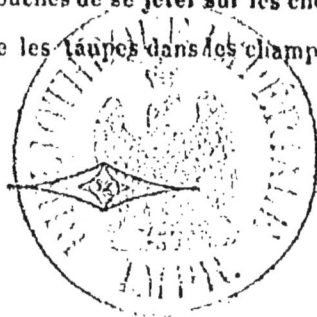

www.ingramcontent.com/pod-product-compliance
Lightning Source LLC
Chambersburg PA
CBHW050618210326
41521CB00008B/1310